U0196141

上海自然博物馆
Shanghai Natural History Museum
上海科技馆分馆
Branch of Shanghai Science and Technology Museum

琥珀中的神秘头骨

主　编　刘　哲

副主编　殷欣琪

多样的生命世界
悦读自然系列

少年儿童出版社

多样的生命世界·悦读自然系列
编委会

总主编
王小明

执行主编
何　鑫

本　册

主　编
刘　哲

副主编
殷欣琪

统　稿
何　鑫

科学审读
何　鑫

撰　稿

（以姓氏笔画为序）

于蓬泽　王晓丹　王董浩　江　山　江　泓　何　进　何　鑫　余一鸣
金幸生　周保春　饶琳莉　娄悠猷　高　艳　高海峰　梁　爽　葛致远

供　图

（以姓氏笔画为序）

万晓樵　江　山　江　泓　李　彦　何　鑫　陈　杰
周保春　侯涵文　殷欣琪　上海自然博物馆

部分图源

视觉中国

有声播讲

王亚雯

目录 _____

澳大利亚大陆的恐龙世界

文／于蓬泽 饶琳莉

　　说到如今澳大利亚的代表性动物，袋鼠一定当仁不让，大家都知道这是澳大利亚特有的有袋类动物。假如我们把时间的指针拨回到上亿年前的恐龙时代，那时的澳大利亚是否和现在一样，孤悬于大洋之中呢？而那里是否也生活着一些独特的恐龙种类呢？

（上海自然博物馆 供图）

恐龙小档案：雷利诺龙（*Leaellynasaura*）

关键词：能看到极光的恐龙

白垩纪早期 1.12 亿年前—1.04 亿年前

在上世纪 80 年代，澳大利亚南部的维多利亚州政府准备沿着海岸线修建一条公路。修建期间，有人在隧道的岩石中发现了化石。正是由于在海湾的悬崖峭壁上发现了恐龙化石，这片海湾后来被称为"恐龙湾"，而雷利诺龙就在这时第一次出现在人们的视野中。

这是一种比拉布拉多犬大不了多少的植食性恐龙，身长只有约 90 厘米，长有一双非常大的眼睛（据说这有助于它在黑暗的环境中看清周围），和一条将近占到身长三分之二的尾巴！"大眼萌"雷利诺龙其实曾经生活在南极圈，所以科学家称它为"能看到极光的恐龙"。

恐龙湾

（上海自然博物馆 供图）

恐龙小档案：南方猎龙（*Australovenator*）

关键词：温顿的南方猎手

白垩纪早期 1 亿年前—9800 万年前

　　除了植食性恐龙，人们在澳大利亚也发现了肉食性恐龙的身影，比如这个被称为"温顿的南方猎手"的南方猎龙。

　　它的体型可比刚刚提到的雷利诺龙大多了，将近 2 米高、6 米长的身形，体重约 500 ～ 1000 千克。很多人第一眼看到，会觉得它长得有点像"霸王龙"。只不过它的前肢一点也不短小，也不是剪刀手，相反，它的每个手掌上长有 3 个吓人的利爪。

　　由于它属于轻型猎食动物，速度接近于中小型兽脚类恐龙，又因为它在澳大利亚的昆士兰温顿附近被发现，所以便有了"温顿的南方猎手"这一绰号，相当于那个时代的猎豹哦！

（上海自然博物馆 供图）

恐龙小档案：泰坦巨龙（*Titanosaur*）

关键词：澳大利亚的庞然大物

白垩纪时期 9000 万年前—6500 万年前

除了体型较小的植食性"大眼萌"恐龙，以及凶猛异常的肉食性恐龙，在昆士兰州的小镇，还有一种属于泰坦巨龙类的蜥脚类恐龙化石，据说有 25 米长。

这足以证明，澳大利亚也曾有大型的恐龙生存。它们被认为是地球上最后的巨型植食性动物，有着小小的脑袋和长长的脖子与尾巴，有些种类的体重可能高达 100 吨。

那么，在中生代时期，生活在澳大利亚的那些恐龙是否也像如今的袋鼠等一些有袋类动物一样，只分布在澳大利亚呢？大家都知道，恐龙是陆地爬行动物，并没有办法漂洋过海实现长距离物种交流。

其实，在侏罗纪早期和中期，澳大利亚一直位于冈瓦纳大陆的西南部，与南极大陆相连接，而南极与现在的南美洲南端的部分连接着。这说明恐龙完全可以从南美洲南部毫无障碍地进入南极大陆，然后横穿南极大陆到达澳大利亚。这也就解释了为什么在澳大利亚能够找到可以看到极光的"大眼萌"雷利诺龙。

此外，科学家也发现当时在澳大利亚有着与世界各地相同的大型、知名的猎食者，像刚才提到的泰坦巨龙所属的类别在当时世界上很多其他区域也广泛分布。

复原恐龙从哪里开始

文 / 何 进

在公众的眼中，恐龙的外表各不相同。但是，这些恐龙为什么是这样的外表？它们有着怎样的生活方式？身躯巨大的恐龙是否还拥有一副恐怖的面容？判断它们外形的依据是什么？对于人类而言，化石是恐龙存在过的唯一证据，它们是人类认识恐龙的起点。对恐龙的研究，也就是对恐龙化石的研究。

化石根据保存类型一般可分为实体化石、模铸化石、遗迹化石和化学化石。

鹦鹉嘴龙（*Psittacosaurus*）化石（李彦摄）

其中，实体化石是指古生物遗体本身全部或部分被保存下来的化石。

模铸化石是指生物遗体在地层、围岩或填充物中留下的印模和复铸物。模铸化石可以分为两类，一类是印痕化石，即生物体陷落在底层，留下了印痕，如植物叶子的印痕；另一类是印模化石，如恐龙皮肤化石。

模铸化石

遗迹化石是指古生物活动时，在底质沉积物表面或内部留下的痕迹或遗物，如恐龙足迹、恐龙粪便、恐龙蛋化石。

至于化学化石，则是指古代生物的遗体虽然未能保存下来，但组成生物的有机成分经分解后形成各种有机物，如氨基酸、脂肪酸等，仍保留在岩层中，足以证明古代生物的存在。

粪便化石

虫珀

　　此外，还有一种特殊的化石类型——琥珀。古代植物分泌出大量树脂，黏性强，浓度大，昆虫或其他生物飞落其上就被粘上，树脂继续流过，生物的身体就可能被树脂完全包裹起来，导致外界空气无法透入，使得整个生物未发生明显变化而保存下来，这就是琥珀。

　　不同形式的化石具有不同的研究方向和研究价值，带来的信息也是多方面的，可以让人类更全面地去认识包括恐龙在内的古生物。

　　一般来说，古生物学家会选择在相应的沉积砂岩、页岩区域以及沙漠、沼泽或湖泊中的泥岩、断崖、冲沟、河床、道路切坡等地区挖掘化石，并进行一系列的挖掘和采集工作，再带回实验室进一步鉴定、观察、修复和黏合。挖掘工具多种多样，有重磅锤、带护手的凿、鹤嘴地质锤、手铲、刷子、剔针、铁锹、撬棍、卷尺、黏合剂、加固剂、錾子、30倍手持放大镜等。

如果说化石是人类认识恐龙的起点，那么实体化石中的骨骼化石是大家最为熟悉的化石种类了。骨骼化石的形态搭建更是复原恐龙的起点。骨骼决定了恐龙的大小及轮廓，骨架如何搭建、还原，如何确保拼装是正确的，考古学家经历了反反复复的推敲、质疑、修正和再修正。

例如，对于大家最为熟悉的暴龙，它的形态搭建一共经过了四段历程。最早推测暴龙的站姿是直立着的，由于腿部的骨骼结构不足以在直立状态下支撑起庞大的身躯，同时它的头部很大，奔跑时必须依靠尾巴才能保持平衡，所以后来对于暴龙的复原，逐渐转变为尾巴和躯干基本处于水平位置的状态。

在对恐龙的骨骼搭建完成后，接下来要做的就是对恐龙身上的肌肉进行推测。由于恐龙的肌肉并没有在化石上呈现出来，难以推断其肌肉组织，因此科学家在复原不同体型恐龙的肌肉时，会参照相似体型的现生动物。如在复原暴龙这类大型肉食性恐龙时，会参考鳄鱼、巨蜥等爬行类动物。

由于迄今为止发现的恐龙皮肤化石少得可怜，若想还原出恐龙的皮肤，那将是一件非常困难的事情，所以同样需要参考现生动物，再通过类比的方法来推测恐龙的皮肤。比如，甲龙的皮肤类似今天的鳄鱼皮；暴龙的皮肤参照蜥蜴的鳞片外皮；而近鸟龙这类带羽恐龙的皮肤，则参考了现生鸟类的羽毛。此外，科学家还从仅存的一些恐龙皮肤化石出发，运用特殊的技术方式还原出部分恐龙的外表。

　　复原了恐龙的骨骼、肌肉和皮肤之后，对于恐龙的行为和生活方式也值得古生物学家去推敲。判断恐龙是吃素还是吃肉，主要依据其下颌骨和牙齿的形状、排列，以及外形特征。以禄丰龙为例，其下颌骨有单独的前齿骨，同时牙齿平且直，无锯齿，大致可以推断是植食性恐龙；而暴龙无单独的前齿骨，牙齿锋利，大而弯曲，有的边缘有锯齿，可以得知其是肉食性的。

　　那么恐龙的叫声是否能还原呢？由于声带是容易腐烂的软组织，因此目前没有直接的化石证据表明恐龙是否通过声带这样的发声器官吼叫。不过，科学家可以通过恐龙化石的头骨、喉骨，推测声带的位置和大小，以及腹腔、口腔的共鸣效果，从而模拟出恐龙的叫声。

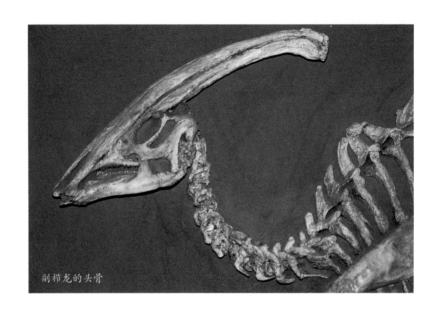

副栉龙的头骨

　　关于恐龙发声的问题，相关研究最多的就是副栉龙，它被认为可能是当时叫声最大的恐龙。副栉龙的冠饰由前上颌骨与鼻骨构成，从头部后方延伸出去。冠饰中空，内有从鼻孔到冠饰尾端再绕回头后方直通头颅内部的管道，其较长的颅骨和特别的冠饰所具有的空腔结构，很可能有着显著放大和调节音量的作用。它们可以通过头冠发出像喇叭一样的声音，并通过冠内的空腔调节音色，从而发出不同的声音。

　　复原的手段还有很多，我们还能通过化石中附带的色素化石和氧同位素等元素特征，来进一步分析获得恐龙的其他信息。正是通过这一系列复杂的步骤，形态各异的恐龙才能呈现在我们面前。

用 DNA 复活恐龙分几步

文 / 江　泓

　　2021 年，中国古生物学家在一具 1.2 亿年前的恐龙化石中发现了细胞结构。消息一出，很多人瞬间兴奋起来：发现细胞？恐龙复活真的指日可待了吗？发现细胞的恐龙化石来自山东省天宇自然博物馆，但是化石的发现地位于辽宁省西部，这是一件相当完整的尾羽龙（*Caudipteryx*）化石，化石编号为 STM4-3。

尾羽龙模型（李　彦摄）

尾羽龙的尾巴上长着羽毛，其实不仅是尾巴，尾羽龙的全身都长着羽毛，看上去像只火鸡似的。中国古生物学家在研究这件化石的时候注意到在其股骨和腓骨之间，也就是类似人类膝盖的部位，有化石保存，正常情况下这个位置应该是关节软骨。古生物学家提取了部分化石，利用脱钙法进行处理，然后放在电子显微镜下观察，竟然分辨出了类似细胞的结构。

恐龙的细胞！这个想法让古生物学家兴奋起来，因为虽然我们已经发现了恐龙的皮肤、羽毛、大脑，但是恐龙的细胞却极少被发现。本着科学的态度，古生物学家反复观察和实验，最终确认这些真的是恐龙细胞，而且有的细胞是健康的，有的细胞则处于萎缩之中。

恐龙的细胞

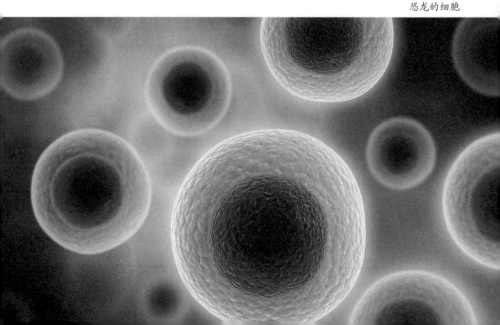

恐龙的细胞被发现了，那么里面的细胞核和细胞质会保存下来吗？利用苏木精对尾羽龙健康的细胞进行染色，古生物学家真的辨认出了细胞中的细胞核和细胞质结构，而细胞核的重要组成部分正是 DNA！如果进一步研究，我们是不是就能够找到传说中恐龙的 DNA 了呢？

经典科幻电影《侏罗纪公园》设想人类通过破译恐龙的 DNA 复活了这些史前巨怪，从理论上看是没有问题的，但是在技术上却面临着无法跨越的鸿沟。DNA 作为有机物质，会随着时间的推移而分解，即便是在最理想的条件下，也不过十几万年而已，追溯到更遥远的中生代，我们可能破译的 DNA 其实只有碎片而已。

早在 2007 年，美国古生物学家玛丽·希格比·施韦泽就已经在霸王龙的大腿骨中找到了血细胞和胶原蛋白，并且破译了氨基酸序列。在与现生动物进行对比之后，发现霸王龙与鸡有着很近的亲缘关系。2020 年，中国古脊椎动物与古人类研究所的科学家在亚冠龙的软骨化石中找到了疑似 DNA 的物质。

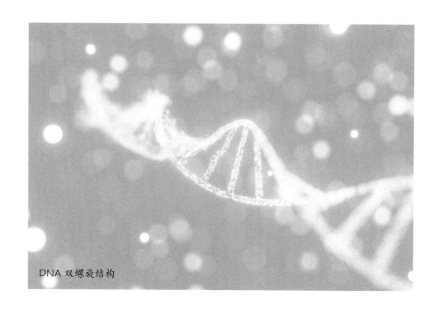
DNA 双螺旋结构

　　如果有一天我们真的获得了具有活性且没有被污染的完整恐龙DNA，我们还要培养出健康的受精卵和胚胎，然后在人造的培养器（恐龙蛋）中进行孵化，而人类目前并不具备这一技术能力。所以，得到恐龙的DNA只是万里长征的第一步，后面还会遭遇数不清的技术瓶颈和突发状况，想要复活恐龙从目前来看是不可能的。

　　既然破解恐龙的DNA无法复活恐龙，是不是我们就没有必要再费力气了呢？并不是这样！恐龙的DNA中包含着巨量信息，通过研究恐龙的DNA，我们可以获知它们在演化树中的位置，还原恐龙演化的历史，甚至可以推测恐龙的颜色和习性。

　　这样看来，恐龙的DNA真的是一把通向恐龙时代的万能钥匙啊！

恐龙脚印与恐龙化石的联系

文／江　泓

睿睿是一个成都小男孩，国庆假期，五岁的他跟着爸妈回到通江县毛浴镇的老家。在老家，爷爷说起山上有许多"鸡脚印"的故事，这可激发了睿睿的好奇心，非要拉着爷爷去一探究竟。

10月1日下午，一家人登上小山，来到"鸡脚印"所在地。睿睿看到"鸡脚印"后马上说："这是恐龙脚印，而且属于肉食性的兽脚类恐龙！"睿睿的话让一家人震惊不已，他从小就喜欢恐龙，对恐龙了解颇多，所以睿睿妈妈给脚印拍照并且请教了专家。

经过专家鉴定，睿睿发现的正是恐龙脚印。这些脚印一共有五个，每个脚印长约35厘米，能够清晰地分辨出三个脚趾留下的痕迹。从脚印的外形、大小和方向间隔判断，这应该是一只体长4米的兽脚类恐龙，当时它正在快步向前行走，留下脚印的时代是距今1.3亿年前的早白垩世时期。

恐龙脚印化石

只有五岁的睿睿创造了纪录，成为国内年纪最小的恐龙化石（恐龙脚印化石也是广义上恐龙化石的一种）发现者，而他发现的恐龙脚印化石也是在四川盆地北部首次被发现。这一事件在网络上引起了广泛关注，网友们纷纷点赞。

不过话说回来，在这块区域发现了恐龙脚印，就代表这里有丰富的恐龙化石吗？其实，可能性几乎为零！为什么呢？这就要从恐龙脚印化石的形成过程说起了。

恐龙曾经在地球上留下了数不清的脚印，但是最终能够形成脚印化石的却寥寥无几。想要让脚印变成化石，首先得踩在泥沙地面上，而且泥沙的颗粒度、温度和黏度等要恰到好处，太硬踩不出脚印，太软脚印会被淹没。

日本胜山发现的恐龙足迹（江 泓摄）

　　当恐龙留下完美脚印之后，需要暴露在空气中被晒干硬化，再被沉积物覆盖，最后完成化石化的过程。要形成脚印化石的条件是相当苛刻的，而且都是原地埋藏。

　　那么恐龙化石的形成过程又是怎样的呢？恐龙化石的形成离不开水，如果恐龙在陆地上死亡，它的皮肉器官等软组织会被食腐动物吃掉，就连骨骼也会被细菌分解。那怎么才能形成化石呢？如果恐龙死后被水淹没，然后再被沉积物覆盖就能够阻断被分解的命运，为形成化石创造了必要条件。

　　中国著名的四川自贡恐龙博物馆化石遗址、云南禄丰恐龙谷化石遗址及山东诸城恐龙涧化石遗址就是大量恐龙遗体被湖泊淹没之后形成的。

自贡恐龙博物馆中壮观的恐龙化石遗址（江 泓 摄）

对比恐龙脚印化石和恐龙化石的形成过程，你会发现两者所需要的条件是完全不同的。举个例子：如果一只恐龙走着走着突然死了，刚好在身后留下了完美的脚印。如果想要留下恐龙化石，要么恐龙尸体被流水冲走，要么尸体在原地迅速被水淹没，结果就是或者化石与脚印分隔异处，或者脚印消失；如果想要留下脚印化石，就需要先暴露在空气中硬化，这段时间里恐龙的尸体早已被分解得连骨头渣都不剩了，所以恐龙的脚印化石和恐龙化石几乎不可能同时保存在一起的。这也是为什么许多地方发现了大量的恐龙脚印化石，但是却连一根恐龙骨头化石都没有发现的原因。

恐龙是这样被送进博物馆的

文 / 江 山

1822年，几颗不经意间暴露的牙齿化石，划破远古恐龙时代沉重的天幕，从此，恐龙成为这个地球上最为神秘、最令人遐想的远古生命。

人们在博物馆里可以目睹这些史前霸主的昔日雄姿，可它们是怎样被发现、发掘的，又是如何"站立"起来"走进"博物馆的呢？

其实，恐龙从挖掘到展示要经历6个步骤：找化石→挖化石→修理保护→研究命名→复原装架→陈列展示。

下面，就来了解一下每个步骤具体要做些什么吧。

第一步，野外寻踪找化石。

岩石一般分为三类：岩浆岩、沉积岩和变质岩。由于岩浆岩和变质岩条件不利于化石的保存，所以化石只会保存在沉积岩中。恐龙是一类生活在中生代（距今约 2.3 亿年前—0.66 亿年前）的陆生爬行动物，因此我们只能到中生代陆相沉积地层中去寻找恐龙化石。

例如，2006 年 8 月，乐宜高速的施工正在如火如荼地开展，由于乐山市犍为县部分村民的居住地处在乐宜高速公路的计划施工地点，村民们纷纷响应政府

沉积岩地层剖面（鹰潭）（江 山摄）

号召，重新修建新房。村民在平整地基的过程中发现了一些与四周不一样的岩石，于是向上级政府汇报，四川省考古研究院前来调查处理，初步认为这些可能是恐龙化石。2007年5月，专家进行了现场调查，通过对当地地层年代（晚侏罗世上沙溪庙组）和化石生物骨骼特征的观察，确定它们就是恐龙化石。

找到了恐龙化石，接着便要展开第二步，即发掘采集挖化石。

在随后一段时间里，科研人员一直在精心准备现场发掘工作。这是一次难度很大的发掘：环境差，风化快。而且由于化石发掘点比较偏远，交通不便，路况很差，这给挖掘工作增加了不少难度。为了节省时间，加快进度，发掘队一行决定驻扎在化石发掘点附近的农民家里。

这次的发掘现场虽然与往常一样，用砖头、竹竿和塑料薄膜搭建了简易的保护棚，但由于化石发掘现场暴露地表的时间较长，并且没有任何保护处理，化石表面和围岩都出现了不同程度的风化现象。恐龙化石出露面积10平方米左右，埋藏现场可以看到散乱保存的脊椎骨、肋骨和少量肢骨，从骨骼形态初步分析应该是一具中等大小的肉食性恐龙。

化石不是随意挖掘的。加固、编号、测量、绘图、分块、包装，每一项都很讲究。科学家需要对化石进行加固保护、照相编号、测量记录及绘制埋藏图等工作，然后再准备正式采集取出化石。取出化石之前，研究人员会将这10平方米左右的范围根据围岩的自然裂缝或化石关联情况分成若干块，并用打湿的软质纸放在化石表面，然后用石膏固定，使化石、围岩和石膏形成一个整体的包——皮劳克，这样既能保证化石完好无损地全部取尽，又能保证运输过程中化石的安全。取化石的时候，要本着先易后难、先小后大、先外后中的原则进行操作。最终，这次现场发掘出的化石全都安全运回博

发掘现场的环境（江 山摄）

发掘出的化石（江 山 摄）

物馆。恐龙化石是一种非常特殊的地质遗迹，因为一旦出土后，它在露天条件下很容易被自然风化，所以对出土的恐龙化石进行保护就尤为重要和迫切了。

皮劳克开包

粗修化石

第三步，要对化石进行修理保护。

从野外采集回来的恐龙化石，在研究和陈列之前，必须要把附着在化石外面的岩石彻底清除干净，恢复骨骼的本来面目，这个工作就叫化石修理。化石修理是一项非常重要而细致的工作，标本修理的好坏直接影响到研究工作的深度和陈列展示的效果。修理化石的方法有物理方法（手工修理、机械修理）和化学方法两大类，研究人员一般根据化石和围岩的成分采用合适的方法开展工作。目前对恐龙化石的修理，基本上都是采用手工和机械相结合的方法。对于刚刚从野外采集回来的化石，研究人员会先用手工修理的方法进行皮劳克的开包、大面积围岩的除去等工作，这被称作化石的粗修。接近化石的四周时，会用电动或气动雕刻笔进行仔细的修理，这被称作化石的精修。对于特别细小的标本（如恐龙的胚胎、羽毛等）则需要在显微镜下进行修理，这被称作显微修理。

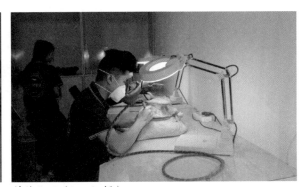

精修化石（江 山摄）

　　具体而言，首先是粗修，即将皮劳克外层的石膏清除，将化石周围大片的围岩剔除掉，使化石的轮廓全部清晰可见；然后是精修，即对化石附近的薄层围岩慢慢进行清理，直到围岩全部清除干净，化石完整暴露出来。

修理后的部分化石（江 山摄）

对于修理完的恐龙骨架，研究人员就可以进行第四步即研究命名了。给恐龙命名可不是拍脑袋想出来的，基础数据、形态描述、对比同类型标本，哪一项都得有专业功底。现在对古生物的研究命名主要采用分支系统方法，但是传统的形态描述和比较研究是基础，恐龙骨骼的许多基本性状还是通过形态观察得来的。对于这次修理出的骨架，采用的是传统形态描述和比较研究的方法。首先，测量所有保存标本的大小尺寸，收集基础数据；然后，仔细观察标本的特征并对所要表现的特征进行拍照；再根据观察到的特征进行形态描述，并对比同类型的其他已知标本；最后，根据各项数据和特征的对比结果进行分类命名。

收集基础数据（江 山摄）

仔细观察化石（江 山摄）

何氏通安龙和李氏蜀龙的椎体比较

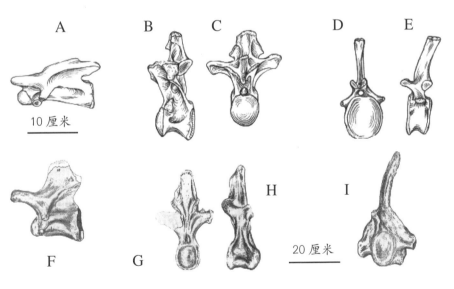

A

10 厘米

B   C

D   E

F

G   H   I

20 厘米

标本对比

模具制作　　　　　　　　翻模复原

　　人们平时看到的恐龙标本都是架设起来摆放的，这是怎么实现的呢？其实，这就是通过第五步复原装架来实现的。必须先把恐龙骨骼缺失的部分补齐，使它成为一副完整的恐龙骨架，这个工作就是化石的复原。复原工作主要包括两方面：一是缺失部分的模型制作，二是给模型上色使之与化石浑然一色。通过塑形（用橡皮泥或黏土塑一个缺失部分的原型）、制模（利用原型制作模具）和翻模（用模具翻制模型）等工序对缺失的部分进行复原。对缺失较多的部分，既要参照本身已有的标本，又要参考与它亲缘关系最近的属、种的标本，这样才能保证复原展品的科学性。

　　恐龙骨架的组装，是以动物解剖学知识为依

装架施工   陈列展示（江 山摄）

据，一般要经过以下几步：首先，由研究人员根据乐山龙的典型特点提出装架姿态的要求，按一定比例描绘在图纸上形成装架图，作为组装工作的依据。然后，装架工人按照图纸制作出支撑恐龙骨架的钢铁支架，包括垫衬脊柱的钢梁、固定四肢的钢架和承受全部重量的钢柱。最后，从恐龙身体重心部位开始将所有标本一一按照图示放上去，并用适当的金属托箍加以固定。

  完成了上述五步，最后一步就是陈列展示了。站立起来的恐龙骨架，是科学真实的艺术再现。博物馆的恐龙陈列不是简单的展品堆积和摆设，而是通过一定的展示形式把展品所携带的科学信息和重要价值最大限度地表现出来。

你见过闪烁着五彩光芒的恐龙化石吗

文/江　泓

　　最近，古生物学家将一种新恐龙正式命名为福氏龙。该恐龙发现于澳大利亚，是一种生活在距今1亿年前白垩纪时期的植食性恐龙，属于著名的禽龙家族。

　　福氏龙的体型并不大，体长约5米，体重约200千克；长长的脑袋，配以坚硬的角质喙嘴，能够切断植物；面颊内侧长有两排树叶状的牙齿，可以对食物进行简单的咀嚼；后肢比前肢更健壮，能以双足快速奔跑。

　　尽管这种恐龙的样子没有什么独特之处，但是它的化石却十分特殊。你见过闪烁着五彩光芒的化石吗？被发现的福氏龙化石很多已经宝石化，变成了澳大利亚的"国石"——欧泊（Opal）。

经过加工的欧泊

欧泊是澳大利亚出产的最著名的宝石，学名蛋白石，所具有的变彩效应让其散发出绚丽而多变的色彩，神奇而美丽。正是因为欧泊的变彩效应，使其成为最名贵的宝石之一，价格不菲。最好的欧泊产于澳大利亚新南威尔士州的闪电岭，这个偏僻荒凉的地方由此得以闻名世界。

这些化石是怎么被发现的呢？1986年，宝石猎人理查德·福斯特在闪电岭附近一座名为"羊牧场"的欧泊矿中发现了一块骨头。起初福斯特以为骨头来自一匹马的蹄子，但是随着更多化石的发现，他意识到自己发现了远古动物的化石，于是立即将自己的发现告诉了古生物学家。

古生物学家看到福斯特送来的化石之后被震惊了，这些化石属于一种未知的恐龙，而且化石都已经欧泊化了。为了能够尽快对化石发现地进行更大规模搜索，古生物学家求助于军方，没想到澳大利亚陆军真的派出了预备役人员协助挖掘。经过持续的工作，最终得到了超过100块化石，其中很多都已经欧泊化，散发着奇异的蓝色光彩。

然而，动用了大量人力物力发现的化石并没有得到应有的研究，它们在博物馆的库房中一呆就是15年，之后又出现在悉尼的一家欧泊商店中。得知这个消息，福斯特前去进行交涉并且成功将化石收回。又过了很多年，福斯特的家人才将化石捐献给了澳大利亚欧泊博物馆，古生物学家才开始对这些化石进行全面研究。

为了纪念福斯特，古生物学家将最早由福斯特发现的化石所属的恐龙命名为福氏龙（*Fostoria*，也可以翻译成福斯特龙）。要是没有他的发现和守护，或许我们永远不会知道这种恐龙的存在。福氏龙的模式种名为羊牧场福氏龙（*Fostoria dhimbangunmal*），种名"羊牧场"是当地原住民对发现化石的欧泊矿的称呼。

古生物学家在分析超过100块的福氏龙化石时注意到，这些化石来自于四个不同的福氏龙个体，其中包括成年个体和未成年个体，证明了福氏龙是群居动物。这还是澳大利亚第一次发现恐龙群居生活的直接证据呢！

从发现化石的层位上看，福氏龙化石来自格林溪组地层，该地层中还发现了闪电兽龙（*Fulgurotherium*）、木他龙（*Muttaburrasaurus*）、沃格特鳄龙（*Walgettosuchus*）等的化石。

福氏龙雕塑（江 泓摄）

澳大利亚新南威尔士闪电山脊

格林溪组地层代表了湿润的环境，大量海洋生物化石的发现向我们展示了一个完全不同的澳大利亚。在白垩纪时期，澳大利亚的东南部曾经被一片名为伊罗曼加海的内陆海淹没，周围的河流流入这片内陆海，形成了富饶的泛滥平原。

　　了解了福氏龙，我们再来介绍一下化石是怎么变成欧泊的吧！

　　尽管闪电山脊周围出产欧泊的地层属于白垩纪时期，但是动物化石能够变成欧泊还是非常罕见的。想要变成化石，动物的尸骸必须被迅速掩埋并且处于稳定的环境之中，然后富含二氧化硅胶体的流体渗入并填满骨骼遗骸的空腔，完成蛋白石化的过程。接下来才是欧泊化的关键，那就是蛋白石化的化石内二氧化硅颗粒的直径必须一致，并且颗粒不能太大，也不能太小，这样才能形成衍射现象，产生我们肉眼所见的变彩效果。

　　并不是所有的蛋白石都是欧泊，形成的概率为万分之一，而古生物变成化石的几率只有千万分之一，两者叠加，可以想象恐龙化石变成欧泊的几率该有多小！所以，福氏龙的化石变成了欧泊，说明它的骨头真的十分珍稀！

恐龙妈妈那点事

文 / 高海峰

　　恐龙家族曾支配全球陆地生态系统超过 1.6 亿年之久。恐龙最早出现在 2.3 亿年前的三叠纪晚期，在大灭绝中脱颖而出，灭亡于约 6500 万年前的白垩纪晚期。

中国是世界上恐龙蛋化石埋藏异常丰富的国家之一。据研究，恐龙蛋化石有圆形、卵圆形、椭圆形、长椭圆形和橄榄形等多种形状，且大小悬殊，小的与鸭蛋差不多，直径不足 10 厘米，大的长轴长度则超过 50 厘米。白垩纪时植被丰富，那时是恐龙的乐园，也是弱肉强食的世界，所以恐龙的生存之道就是生大量的宝宝，少则 10 个左右，最多达到 60 多个，堪称当时的"光荣妈妈"。那么，恐龙会是好妈妈吗？

接下来，有请几位颇具代表性的"龙妈"出场。

第一位，最智慧的"龙妈"——伤齿龙。

伤齿龙被认为是最聪明的恐龙，科学家曾假设：如果恐龙没有灭绝，那么聪明的伤齿龙说不定也拥有了和人类一样的智慧，甚至会出现恐龙人。伤齿龙生存于晚白垩纪，约 7500 万年前到 6500 万年前，最初是因为它尖锐的牙齿而得名。刚开始人们认为它是一种蜥蜴，然后又把它当作一种长相呆笨的恐龙，等到把它的骨骼组合起来之后，才发现以前的认识和理解几乎全是错误的。就身体和大脑的比例来看，伤齿龙的大脑是恐龙中最大的，而且它的感觉器官非常发达，因而被认为是最聪明的恐龙。

伤齿龙采用竖着产蛋的方式，蛋壳非常薄，蛋的一头大一头小，小的一头直插土里，就像一颗钉子插在土里，这样可以减小蛋壳的压强，堪称智慧的典范。1978 年至 1984 年间，约翰·霍纳和同事鲍勃·马凯拉在蒙大拿山区进行挖掘，发现了三处恐龙巢穴遗迹，包括一窝排列整齐的伤齿龙蛋。伤齿龙把卵产在刚干涸的湖底或沼泽地的湿润泥土里，靠输卵管向下蠕动的力量能轻松地把它们深深插入泥土中。而生活在中国的白垩纪伤齿龙则是选择水边的沙土地作为产卵地点。它们先用爪子在地上刨出一个坑，然后蹲坐下来使身子成直立或半直立状态，再把蛋产入蛋坑的松软沙土中，最后再用沙土小心地把这些蛋埋起来。

伤齿龙

巨盗龙，一种来自白垩纪的巨型窃蛋龙类兽脚类恐龙

第二位，最委屈的"龙妈"——窃蛋龙。

窃蛋龙是种小型兽脚亚目恐龙，生存于白垩纪晚期，身长 1.8 ～ 2.5 米，大小如鸵鸟。1923 年，人们第一次发现窃蛋龙化石的同时，发现了一窝恐龙蛋和一只原角龙的化石，美国纽约自然博物馆的馆长奥斯本认为它是在偷吃原角龙的蛋，所以把它命名为窃蛋龙。一直到 20 世纪 90 年代，窃蛋龙窃蛋的这宗冤案才被洗清，其实这窝恐龙蛋是属于窃蛋龙的，原角龙只是路过。

成年的窃蛋龙把卵产在用泥土筑成的圆锥形巢穴中。巢穴的直径一般为 2 米，每个巢穴相距 7 ~ 9 米远，有时它们用植物的叶子覆盖在巢穴上，让植物在腐烂过程中产生孵化所需的热量，进行自然孵化。1923 年发现的窃蛋龙，其两条后肢紧紧地蜷向身子的后部，两条前肢则向前伸展，呈现出护卫窝巢的姿势，和现代的鸡或鸽子等鸟类的孵蛋姿势完全一样。窃蛋龙有两个排卵口，两个两个排出双蛋，一层 10 个左右，一般两三层，且间距和位置的协调性好，蛋皮上的纹饰从头到尾变化分布合理，实在是动物界的艺术大师啊！

　　第三位，最多产的"龙妈"——鸭嘴龙。

　　鸭嘴龙生存于 1 亿年前的白垩纪晚期，正是恐龙发展的顶峰时期，所以它们的数量很多，在植食性恐龙中约占 75%。它们是一类较大型的鸟臀类恐龙，目前发现最大型的身长超过 21 米。鸭嘴龙的吻部由于前上颌骨和前齿骨的延伸和横向扩展，构成了宽阔的鸭嘴状吻端，故得名。

鸭嘴龙类

鸭嘴龙的巢穴很深，边缘是泥土制成，有草做保护。产卵时，一窝和另一窝之间有一定距离，一般约为2米。有时，在一个恐龙化石集中分布的区域里，可以找到七八窝。令人惊奇的是，在美国蒙大拿州发现的1万平方米范围里，长8米的鸭嘴龙竟构筑了40个巢穴，可称为巢穴群奇观。在中国湖北青龙山核心区的第二个产蛋层，专家发现一窝数量多达36枚的恐龙蛋化石；此后，专家又在3米多远的地方发现另一窝恐龙蛋化石，数量更是多达61枚。这是迄今为止世界上已发现的数量最多的一窝恐龙蛋化石。多产的恐龙妈妈，为了种群的未来，确实够拼的。

　　恐龙家族早在6500万年前就离开了我们，不过现在的鸟类就是恐龙的后代，我们从鸟类的生活习性中也能看到一些恐龙的影子。高产和多产让我们看到小恐龙的低成活率，蛋壳的变化让我们看到从恐龙到鸟类演化的过程，孵窝的形态有可能揭示了从冷血动物到恒温动物的变化……这些都需要更多的思考，也需要从化石中去进一步了解，去感知它们的喜怒哀乐，去认识那些远去的中生代霸主！

棘龙变变变

文 / 葛致远

棘龙 1.0

恐龙圈有这么一位"百变王者"，短短一百多年间，它的形象数次发生改变，以至于现在世界上众多自然博物馆、科普读物中还有许多没来得及对它的形象进行更新。它，就是大名鼎鼎的棘龙。

棘龙的故事始于100多年前。1911年，德国古生物学家恩斯特·斯特莫第一次来到位于埃及首都开罗西南方向的拜哈里耶绿洲，沿途众多的牡蛎和珊瑚化石表明这里曾经是一片汪洋。

斯特莫是一位古生物学家，他到这里是为了寻找古代鲸鱼和鲸鱼祖先的化石，却没想到阴差阳错，不仅找到了埃及的第一件恐龙化石，还在1912年通过当地向导兼化石猎人马克格拉夫发现了后来震惊古生物圈的奇特巨龙——棘龙。

当时身处慕尼黑的斯特莫在检查这个来自埃及的化石包裹时，就意识到这可能会是个了不起的发现。这一批化石中最引人注意的是棘龙的脊椎骨，最长可达1米的脊椎神经棘形成了背部夸张的棘帆结构，这是之前在任何恐龙身上都不曾出现的！1915年，斯特莫将其正式命名为埃及棘龙（*Spinosaurus aegyptiacus*）。

当时发现的化石中除了棘龙的脊椎以外，还有棘龙的下颚骨和一些牙齿化石，但并不包含棘龙的上颚、四肢和尾部等其他关键部位。鉴于当时人们对于兽脚类恐龙的了解还十分有限，斯特莫尽力对棘龙形象进行了首次复原。于是，一种依靠两足行走、背着奇特大帆、长相怪异的肉食恐龙，就是人们对它的最初印象。

然而，就在人们打算继续对它进行深入研究时，棘龙的关键化石证据在1944年4月底英军轰炸慕尼黑时不幸被毁。人们只能根据留下的化石画稿以及之后陆续出土的一些化石，试着继续解构棘龙的形象。

尽管身披恐龙世界中独树一帜的大帆，但当时棘龙并没有成为人们追捧的爆款，它的地位和普通肉食恐龙并没有太大区别。然而，随着人们对兽脚类恐龙的了解加深，以及更多像重爪龙这样的棘龙科恐龙化石的出土，棘龙的形象迎来了第一次改变。修正后的棘龙告别了"袋鼠式"站姿，恢复了传统二足兽脚类恐龙的姿态，加上背上的大帆、窄长的吻部、巨大的体型，棘龙2.0版给人更强的视觉冲击，也更显威武霸气。2001年，《侏罗纪公园3》上映更是让棘龙的新形象火遍了全世界，瞬间从默默无闻的恐龙"路人"，摇身一变成为了好莱坞最炙手可热的顶流。电影中最深入人心的名场面——棘龙掀翻霸王龙，仿佛是在昭告天下，它才是白垩纪时期称霸陆地的王者。

棘龙2.0

但很快，2005 年，在摩洛哥出土的棘龙上颚骨化石，让人们意识到事情可能并非如电影中所描绘的那样。狭长的吻型，顶端还有疑似分布感受细胞的密集孔洞，这些特征都非常接近于我们熟悉的鳄鱼。而且，之前已经发现的棘龙牙齿呈圆锥形，边缘没有一般肉食恐龙的锯齿结构，并不利于切割，倒是与现生食鱼动物的牙齿较为相似。所有证据似乎都指向一点，《侏罗纪公园 3》里那头吊打霸王龙的凶兽，可能并非我们想象的靠捕食其他恐龙为食，帆锯鳐、肺鱼等水生动物可能才是棘龙日常食谱上的主食。像棕熊狩猎鲑鱼那样，在河边浅滩游走，守株待兔，这是人们脑海中对于棘龙 2.0 版生活的写照。

然而不到十年时间，人们对于棘龙的认识再次迎来重大颠覆。

2014 年，棘龙迎来了它的第二次外形改变。古生物学家尼扎尔·易卜拉欣在 9700 万年前的摩洛哥岩层中找到了一些之前从未发现过的棘龙骨骼化石（代号 FSAC–KK 11888），其中就包括棘龙的后肢化石。科学家发现：棘龙后肢较短，脚骨扁平，趾爪宽大，这样的构造并不适合在地面上奔跑

追逐猎物，反而更适合划水。不仅如此，棘龙不同于其他大型恐龙的实心骨骼结构，它的骨密度要高出别的兽脚类动物30%~40%，而这种骨骼特征是从陆生向半水生或者水生发展所必须做出的调整。另外，发现棘龙的地点附近还出土了许多鱼类化石，证明这里曾经是一片开阔水域。原来，长着四条小短腿的"柯基渔夫"才是对棘龙更贴切的描述！这也是人类发现的首例可能大部分时间生活在水中的恐龙。

因为这一重大发现，美国国家地理学会特地为棘龙策划了一个展览，在其位于华盛顿特区的博物馆中首次公开展出了复原后的棘龙 3.0 版骨架模型，馆外还矗立起了一个 1∶1复原的最新棘龙外观模型。之后这个展览还在全球 40 多个国家进行了巡展，让大家有机会一睹最新的棘龙形象。

棘龙 3.0

就在大家忙着升级棘龙形象的时候，却不曾想到下一轮改变又将到来。2018年，在美国国家地理学会的资助下，尼扎尔·易卜拉欣对棘龙的新一轮化石发掘正式启动。此次挖掘发现了大量棘龙尾部的脊椎骨，它们组成了一条近乎完整的棘龙尾巴！更令人惊奇的是，这些尾椎上同样有着极长的神经棘！棘龙的尾巴上面竟然还有尾鳍？！

2019年，通过与哈佛大学团队的合作，易卜拉欣完成了棘龙4.0形象的升级，他们对棘龙尾部进行了重塑，并通过实验证明这是一条适应水中生活、能够在游泳时提供足够动力的大尾巴。这条尾巴的发现表明，棘龙比我们之前想象的更适应水生生活，它的游泳效率远高于其他恐龙，更接近鳄鱼、棘螈等有类似结构的水生脊椎动物。

2020年，该成果发布在《自然》杂志上，棘龙4.0版的面世让棘龙成功将"水下掠食恐龙"这一头衔收入囊中。试想如果举办恐龙奥运会的话，它绝对是游泳项目金牌的夺冠热门。100多年，3次变化，棘龙形象重塑之旅终于迎来了最终章。未来会不会还有什么颠覆性的改变呢？我们不得而知。但科学研究就是这样，在不断的发现、完善和革新中越来越接近真相。

（本文棘龙图片由上海自然博物馆供图）

从恐龙蛋看恐龙

文/娄悠猷 梁 爽

作为史前爬行动物的最著名代表，恐龙当然是通过产卵下蛋繁殖的。事实上，人类除了发现并研究了众多恐龙骨骼化石，为我们复原了中生代的恐龙世界外，也发现了为数众多的恐龙蛋化石。

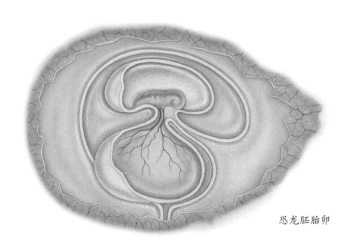

恐龙胚胎卵

长形蛋
Dinosaur Eggs

作为中生代的霸主，恐龙繁育后代的方式与当时大多数动物一样，都是卵生。但不同的是，恐龙产蛋采用了当时最先进的、由爬行动物首创的羊膜卵技术。与我们在超市里买到的新鲜鸡蛋不同，保存在沉积物中的恐龙蛋在漫长的地质时期经历了成岩作用的一系列改造，其中的卵白和卵黄早已被分解或置换掉，只保存下来坚硬的钙质蛋壳，成为了独特的蛋化石。

我国是埋藏恐龙蛋数量最多的国家之一，目前由我国自主研究和命名的恐龙蛋类型多达十几个科。这些形态各异的恐龙蛋化石常常作为珍贵的展品在博物馆中展出，比较常见的有长形蛋、圆形蛋和椭圆形蛋，也有别具一格的网形蛋、蜂窝蛋、石笋蛋等。不同种类的恐龙蛋大小不一，排列方式也不尽相同。不同种类的恐龙可以产出外形雷同的蛋，即使是科学家也很难根据恐龙蛋鉴定出具体的物种。但通过大量的研究，科学家已经能够通过部分恐龙蛋形状来推测它所属的恐龙类型。例如，蜥脚类

圆形蛋与长形蛋
（殷欣琪 摄）

恐龙、角龙等植食性恐龙通常产圆形蛋、椭圆形蛋，而肉食性的兽脚类恐龙一般产长形蛋，特别的是，同样属于兽脚类恐龙的伤齿龙则产棱柱形蛋。

现代科学界的主流观点认为鸟类是恐龙的后代，甚至直接就被认为是恐龙的一部分，所以我们可以用现生鸟类和鸟蛋来推测研究恐龙蛋。通常情况下，鸟蛋的大小与鸟类的体型成正比。

已知最小的恐龙蛋宽仅约2厘米，这显然是很小的恐龙产下的。大多数恐龙蛋平均直径在10～20厘米之间，与鸵鸟蛋相近或比鸵鸟蛋大些。2014年，我国山西省广灵县出土了直径超过50厘米的巨蛋化石，这可能是目前已知最大的恐龙蛋。

　　今天，许多爬行动物都会在松软的泥土上挖一个浅坑，在里面生蛋。从世界各地发现的化石巢穴显示，恐龙有极为相似的习性，它们用脚或者口鼻部在地上挖出直径超过1米的坑。和今天的爬行动物一样，恐龙所生的蛋数量各不相同，有的一次不足10个蛋，然而在我国发现的一些大巢穴里有40个甚至更多的恐龙蛋。那么，产下的蛋是否需要被孵化呢？过去科学家认为恐龙产下蛋之后并不会去孵化它们，直到20世纪90年代初，美国科学家在蒙古戈壁再次找到了窃蛋龙的巢穴和胚胎化石，窃蛋龙是坐在自己所生的蛋上，由此推测这是为了保护蛋或者为它们取暖，表明这类小型的兽脚类恐龙可能有孵化蛋的本领。

　　随着科学界对于恐龙蛋化石研究的不断发展，现在人们已经知道恐龙的孵蛋方式其实就像如今的鸟类一样多种多样，有些恐龙可能用新鲜植物覆盖到蛋上使其孵化。植物腐烂时会像堆肥一样产生热量，有了这层热量，恐龙蛋在气温很低时也能孵化了。

谁产下了"彩蛋"

文/梁 爽

鸡、鸭、鹅以及它们的蛋之所以成为人类餐桌上的常客，不仅因为其味道鲜美，更因为它们有营养价值。以鸡蛋为例，蛋清含有人体必需的8种氨基酸，极易吸收；而蛋黄中含有丰富的卵磷脂以及各种维生素等。鸡、鸭、鹅都属于鸟类，而鸟类是现存的唯一能够产彩色蛋的羊膜动物。不同种类的鸟所产下的蛋颜色各异。很多人仅凭蛋壳的颜色就能分辨出蛋的种类，在一堆五颜六色的蛋中准确地挑出鸡蛋、鸭蛋和鹅蛋。

鸟类蛋壳的颜色有白色、粉色、红色、青色、褐色……简直可以用"五彩斑斓"来形容，不仅如此，有的蛋表面上还长有花纹和斑点。那么，鸟类的蛋壳为什么有如此之多的颜色和图案呢？其实，这些颜色和图案不等于鸟类有着天生的艺术追求，而是和它们的生存息息相关。鸟类产蛋后要在巢中孵化，在此期间，如果被它们的天敌发现了，就会来攻击或者把蛋偷走。在这种情况下，与周围环境更为接近的彩色蛋就会比白色蛋藏得更深，从而使得后代的成活率更高，因此彩色蛋基因也在长期的自然选择中更易保存下来。可以说，彩色蛋壳是它们为了生存才进化出的保护色。

　　那么蛋壳表面的颜色来自哪里呢？在鸟蛋的形成过程中，母体的蛋壳腺会合成两种主要色素——红褐色的原卟啉和蓝绿色的胆绿素。这两种色素沉积在蛋壳的外层和壳上膜，由于色素的含量不同，会得到不同的颜色。由此可见，色素分泌量的不同才是让蛋壳呈现不同颜色的原因，与蛋里面的营养成分没有任何关系，所以大家在买鸡蛋的时候也就不需要去刻意挑选蛋壳的颜色了。

2015 年，德国波恩大学的马丁·桑德在分析窃蛋龙的蛋壳后，找到了让蛋壳变成彩色的原卟啉和胆绿素。科学家通过研究色素的含量和分布，证明了窃蛋龙的蛋是有颜色的，而且是罕见的蓝绿色。这种深邃又个性十足的配色，在现生鸟类中依然受到少数类群的青睐，比如现存最古老的鸟类之一——鸸鹋的蛋就是类似的蓝绿色。巧合的是，古生物学家对窃蛋龙行为的研究发现，它们和鸟类一样，都是在开放式的巢穴中孵蛋。在这种情况下，蓝绿色的蛋显然比白色的蛋更有藏身的优势。因此窃蛋龙宝宝在危险复杂的环境中存活下来的几率就大大增加了。

鸸鹋蛋

乌龟和鳄鱼的蛋壳都为白色

长期以来，鸟类被认为是彩色蛋的首创者。但在 2018 年，科学家对非鸟类恐龙蛋的颜色进行了系统发育分析后得出结论：蛋的颜色在非鸟类兽脚亚目恐龙中只有一种进化起源，这就意味着现代鸟类是从它们的非鸟类恐龙祖先那里继承了彩色蛋的基因。

不过问题来了，同样是爬行动物，乌龟、蛇和鳄鱼的蛋为什么不是彩色的？其实虽然恐龙属于爬行动物，但恐龙家族庞大，分为蜥臀目和鸟臀目两大类。蜥臀目兽脚类恐龙的形态和生活习性非常接近鸟类，因此我们可以用鸟类的行为来进行推测；可是对于鸟臀目恐龙，由于研究样本有限，它们的蛋壳颜色仍不得而知，其繁殖方式还有待进一步研究。

至于其他爬行动物，它们的繁殖方式可以说与恐龙大相径庭。以乌龟为例，它并不像鸟类那样坐在上面孵蛋，而是选择了另外一种简

单粗暴的方式——把蛋埋起来。为了不被天敌发现，乌龟妈妈产蛋的时候会先挖好一个坑，直接将蛋产到坑里，最后再用沙子埋起来，假装什么都没有发生过。所以，乌龟和鳄鱼的蛋都是毫不用心未加修饰的白色了。

恐龙宝宝在蛋里原来是这个姿势

文 / 江　泓

　　你知道恐龙宝宝即将破壳而出时，在恐龙蛋里是什么姿势吗？在最新的科学研究中，研究人员从一枚来自中国的恐龙胚胎化石中找到了答案。2021年12月22日，中国、英国和加拿大三个国家的科学家在《交叉科学》杂志上联合发表了一篇论文，介绍了迄今为止最完整的一枚恐龙胚胎化石。

　　这枚胚胎化石在2000年左右发现于江西省赣州市，起初与其他恐龙蛋化石保存在一起，并没有引起人们的特别注意。

发现于赣州的恐龙蛋化石（江　泓摄）

窃蛋龙胚胎蛋（江 泓 摄）

　　到了 2015 年，研究人员在对恐龙蛋化石进行清修的时候，发现这枚恐龙蛋化石与众不同，里面竟然保存着恐龙的胚胎！事实上，恐龙胚胎化石是非常珍贵的，而且具有重要的科学研究价值，于是保存化石的英良石材自然历史博物馆花费了大量的时间对化石进行清修，最终得到了一具完整的恐龙胚胎。

经过清修之后的恐龙胚胎化石

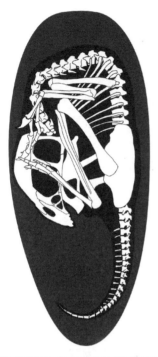
恐龙胚胎化石复原图

尽管这已经不是人类第一次发现恐龙胚胎的化石，但是之前发现的恐龙胚胎要么化石保存得不完整，要么就是在化石形成过程中出现了错位现象，无法准确地还原恐龙胚胎在恐龙蛋中的真实状态。这次发现的恐龙胚胎完全不同，从骨骼的连接状态就可以判断它在变成化石的过程中并没有受到太多干扰，所以通过化石的姿态便能够还原出恐龙宝宝在蛋中的样子。

从化石来看，这个未出世的小家伙的整个身体蜷缩在一枚长17厘米的恐龙蛋之中，背部紧靠着蛋的钝端，弯曲的前肢搭在同样弯曲的后肢上，大大的脑袋则在脚的下方，长尾巴沿着蛋的尖端卷曲。这个姿态在之前的恐龙胚胎中并未发现过，这表明该化石极具珍贵性和重要性。

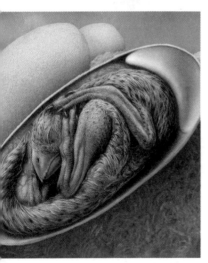
恐龙胚胎化石骨架复原图

这一恐龙胚胎的奇特姿势在目前发现的恐龙胚胎中或许是独一无二的，但是在鸟类中却相当常见。当鸟类的胚胎即将孵化的时候，身体就会开始变得弯曲，脑袋伸到翅膀下面，而这一系列收缩恰恰与发现的恐龙胚胎的姿势相吻合。

这种吻合一方面证明了鸟类与恐龙有着相似的胚胎收缩行为，再次印证了鸟类是由恐龙演化而来的观点；另一方面显示了这个恐龙胚胎马上就要破壳而出，但是不知道因为什么原因最终变成了化石。

那么，这一化石中的恐龙宝宝是哪种恐龙呢?

古生物学家根据完整的胚胎化石复原了这只未出世小恐龙的样子，它的体长约27厘米，长着大大的脑袋，嘴巴由坚硬的角质喙构成。小恐龙会以后肢直立行走，但是前肢也很长，而且三个指头上有锋利的爪子，身上应该会长有毛茸茸的羽毛。

根据这只小恐龙的身体特征，可以判断它属于窃蛋龙类，而在江西赣州已经发现并命名了7个属种的窃蛋龙类恐龙，这个恐龙胚胎可能属于已经命名的窃蛋龙类中的一个，或是代表了一个全新的属种，答案还需要古生物学家在未来揭晓。

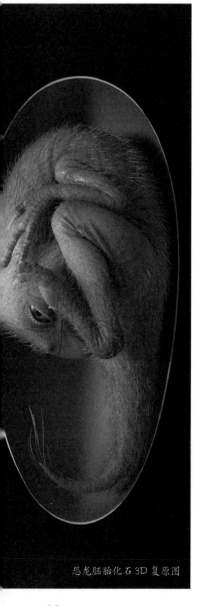
恐龙胚胎化石 3D 复原图

如此完整的恐龙胚胎化石今天依然保存在福建省的英良石材自然历史博物馆中，它也因此得到了"英良贝贝"这个可爱的名字，而另一个更著名的"贝贝"是"路易贝贝"，是发现于河南省的窃蛋龙类胚胎化石，现保存于河南省地质博物馆。

其实，距今 7200 万年前至 6600 万年前晚白垩世的赣州地区曾经是窃蛋龙类的天堂，它们在这里觅食、嬉戏、繁殖，因此留下了大量的化石。2021 年初，古生物学家曾经发表论文描述了一具同样来自于赣州的神奇化石，化石中竟然包含有保持孵蛋姿势的成年窃蛋龙类、窃蛋龙类的巢穴以及其中规则排列的恐龙蛋，这具化石为我们探索窃蛋龙类的繁殖提供了重要的材料。

期待今后能在赣州地区发现更多化石，帮助我们进一步揭开恐龙时代的谜团！

不偷蛋的窃蛋龙

文/江 泓

在恐龙家族中，有一个类群叫作窃蛋龙科，光听名字的话，大部分人都会想当然地认为它们是"偷蛋贼"，这实属冤枉它们了。最早的窃蛋龙化石是1923年由美国中亚考察队在蒙古高原发现的，当时它附近有原角龙蛋化石，而且这只恐龙的尸骨恰好"躺"在一窝恐龙蛋中间。考察队的研究人员认为，这只恐龙正在偷原角龙的蛋，所以将它命名为窃蛋龙，从此，窃蛋龙就背上了偷蛋的"锅"。

窃蛋龙骨架侧视图

窃蛋龙，这个恐龙界"窦娥"的伸冤之路整整走了 70 年。1993 年，美国纽约自然历史博物馆马克教授在蒙古高原考察时，找到了完整的恐龙胚胎化石。当时研究技术已经有了进步，证明了该胚胎属于窃蛋龙。而且，这枚恐龙蛋化石和 1923 年发现的和窃蛋龙"躺"在一起的恐龙蛋化石是一样的。真相大白了，窃蛋龙确实没惦记别人家的孩子，它不偷蛋！最近，在江西赣州发现的化石直接证明了窃蛋龙会像鸟类一样孵蛋，它们不仅不偷蛋，还是恐龙界的模范父母呢！

来自江西赣州的窃蛋龙
类窝蛋，摄于浙江自然
博物馆（江 泓摄）

上海自然博物馆的窃蛋龙模型（殷欣琪 摄）

中国是名副其实的恐龙大国，恐龙骨骼化石数量和恐龙蛋化石数量都属世界第一，江西赣州是我国的重要恐龙化石产地。2020年，在赣州发现了一组震惊世界的恐龙化石，这组化石集齐了恐龙骨骼化石、恐龙蛋化石、恐龙胚胎化石及恐龙巢穴化石四部分，实属罕见。

这组化石最上面是一具保存并不完整的恐龙骨骼化石，包括了部分脊椎、四肢和盆骨骨骼。据古生物学家判断，这是一只成年的窃蛋龙类恐龙，体长约2米。尽管这具恐龙骨骼化石不完整，但是姿态却引人注目，它的身体正好位于下面巢穴中心之上，前肢向后张开覆盖在巢穴两侧，后肢折叠位于身体下面。从姿态上看，这只窃蛋龙类正伏在巢穴上孵蛋，而且与今天鸟类孵蛋的姿势如出一辙！

在恐龙骨骼化石下，有一个完整的巢穴，巢穴中共有24枚恐龙蛋化石。而且，这只窃蛋龙是只"讲究"龙，蛋不是随便下的：从排列方式看，这些恐龙蛋极具规律性，24枚恐龙蛋上下三排呈环形向心排列，既保证了空间有限的巢穴中可以容纳这么多蛋，又保证了每一枚蛋都能够均匀接收到来自妈妈（爸爸）身体的温暖。

古生物学家在清理恐龙蛋化石时，发现有7枚蛋壳破碎的蛋中保存了恐龙胚胎的化石，这些恐龙胚胎化石可谓相当罕见。可是，在分析每一个胚胎的时候，古生物学家又发现了异样：这些胚胎的发育程度竟然不一样！原来，由于每层蛋的孵化温度不同，恐龙宝宝并不是在同一时间破壳而出的，它们孵出的时间会间隔几天甚至十几天。这种"异步孵化"是现代鸟类才有的特征，没想到白垩纪时期的窃蛋龙类就已经掌握了这门先进技术。

　　保持孵蛋姿势的恐龙、完整排列的恐龙蛋化石、异步孵化的恐龙胚胎，这三点不仅让赣州发现的窃蛋龙类孵蛋化石变得弥足珍贵，更证明了窃蛋龙类具有非常进步的孵化方式。以前研究人员认为，窃蛋龙类的孵化方式应该属于恐龙与鸟类之间的过渡类型，现在看来，它们是直接跳过了中间过程，达到了更高等级，这也证明了恐龙在繁殖方式上的多样性和复杂性。

窃蛋龙坐在巢上（复原图）

如何发现恐龙蛋

文 / 金幸生

当你把一只生的鸭蛋埋在食盐中，静静等待一段时间后，它会变成人们常吃的咸鸭蛋，如果时间足够长，蛋壳里面就会充满食盐。其实蛋化石的形成与此类似，当蛋被埋在泥土里，经过漫长的交替作用，蛋里面的物质会被包围的泥土所替代，经历数千万年地质变迁后，当泥土变成岩石，蛋也就变成了蛋化石。一般的蛋化石留下的只有蛋壳，而蛋清和蛋黄都会被替代。不过如果是喜蛋，在非常特殊的条件下，喜蛋里的胚胎骨骼也能变成化石，那就是非常稀有的含胚胎蛋化石了。如果蛋壳在形成化石过程中没有破损，有时会形成空心的蛋化石，在这空腔中如果再渗入含有矿物质的液体，就可能会形成矿物晶体，那就是所谓的"晶体蛋"了。

咸鸭蛋

很多人会问，为什么说发现的蛋化石是恐龙蛋？如果发现含恐龙胚胎的蛋或者恐龙肚子里面的蛋，那毫无疑问是恐龙蛋。如果只是一块类似蛋的石头该怎么判断呢？

发现疑似恐龙蛋时，科学家首先要看它是不是蛋的形状，如圆形、长椭圆形等，蛋的两极有对称也有不对称，由于经历了数千万年的地质变迁，有时候还要考虑外力作用下的变形。其次需要观察蛋的大小。对于恐龙蛋而言，有的蛋直径只有几厘米，而迄今发现最大的蛋化石——西峡巨型长形蛋长轴长度可达 50 厘米。接下来需要再次看看是否有蛋壳，蛋壳的厚度一般不超过 5 毫米，蛋壳表面有的光滑，有的具有纹饰。如果再仔细观察，还能看到蛋壳纵切面上的生物结构。

蛋化石

恐龙蛋化石

如果这个疑似的恐龙蛋呈现圆形或者椭圆形，大小在几厘米到几十厘米之间，蛋壳厚度不超过5毫米，而且有很多差不多大小的蛋在一起（这条不是绝对的），那么有可能就是恐龙蛋了。对于研究者而言，到了这一步就可以开展接下来的研究工作了。是不是恐龙蛋，还要依据蛋壳的细微生物结构来鉴定。倘若发现者只是普通公众，那么就需要及时联系当地博物馆或相关研究机构进行专业鉴定，如果真的确认是恐龙蛋，那是一个了不起的发现。当进入真正的研究工作后，科学家除了用肉眼鉴定外，还会利用显微镜和电子显微镜观察蛋壳结构特征，如气孔、基本单元的形状、有几层组成等来进行鉴定。

　　中国是出产恐龙蛋最多的国家，数量多，种类丰富而且分布很广，北到内蒙、吉林，东到浙江，西到陕西，南到广东，其中发现最多的是江西、河南、湖北、广东和浙江。中国的恐龙蛋一般都在白垩纪红色砂岩中发现，所以当你去郊游的时候不妨多留心脚下，或许会有意外的惊喜哦。

甘肃省张掖市丹霞地貌——白垩纪红色砂岩

恐龙的生存秘籍

文 / 梁　爽

1.46 亿年前，北美洲某处的丛林中，一只饥肠辘辘的异特龙正在奋力追捕一只弯龙。眼看今天的第一顿正餐马上就要到手了，只听"咔嚓"一声——树枝折断的巨大声响把异特龙惊得一愣，就在捕食者出神的间隙，弯龙以一个完美的漂移，消失在茂密的真蕨叶中。此时，懊恼不已的异特龙只好停下脚步，气急败坏地寻找让它错失大餐的声音来源。这时它的目光集中到了一只专注地嚼着真蕨叶的年轻腕龙身上。似乎是感受到了一股莫名的杀气，腕龙停下了塞满食物的嘴，一回头，刚好与愤怒的异特龙四目相对，顿时惊出一身冷汗……

异特龙

这不是某个电影里的片段。在弱肉强食、英雄辈出的中生代时期，类似的剧情几乎每天都在真实上演。"每天"这个说法并不夸张。据推测，整个中生代约有5万个属、近50万种恐龙在地球上生存过。由此不难想象，恐龙的生存状态也许正如文章开头描述的那样杀机四伏，甚至更加血雨腥风。

　　然而物种间的生存竞争并不总是呈"一边倒"的态势。面对强大的肉食性攻击者，植食性恐龙并没有坐以待毙。它们在长期的进化过程中利用自身的优势，开发出了五花八门的生存技能。如果总结一下，这些技能大致分为六类：防御型、反击型、巨型化、组队型、开溜型、虚张声势型。

甲龙

首先来看以静制动的防御型恐龙。

鸟臀目恐龙中有一类造型独特的恐龙——甲龙亚目，它们常被比作恐龙界的"重型坦克"，这是因为它们背部披满了厚厚的骨板，有的上面还长有坚硬的骨刺。这些看上去"制作精良"的硬甲实质上是硬化的皮肤，具有一定的防御能力，但硬度和骨骼形成的龟壳比起来还是略显逊色。对咬合力动辄达到十几吨的暴龙而言，甲龙的背甲防御作用十分有限。尽管如此，我们可以推测，当甲龙遇到危险的时候至少可以用硬甲把柔软的腹部保护起来，起到类似"金钟罩"的作用。

接着来看擐（huàn）甲执锐的反击型恐龙。

对于一些更加主动进攻的恐龙来说，要想潇洒地行走江湖，怎能没有一件称手的兵器呢？于是，便有了各种恐龙界的花式"武器"。

说起"头上有犄角"的恐龙，就不得不提到三角龙，它的属名"*Triceratops*"正是因为头上顶着三只大角而得来。无论是三角龙、五角龙，还是长着更多角的戟龙，喜欢成群结队，看上去就像是行走的兵器库，浑身上下的肢体语言似乎都在传递同一个信息——别惹我，凶着呢！

传统观点认为，角龙亚目的恐龙头上长角是用来作为抵抗肉食性恐龙攻击的武器，但最新研究发现这些角并不具有有效的攻击能力。所以，三角龙那用来耀武扬威的"武器"，实际上更可能用在求偶和展示地位的场合。

剑龙的尾部长有尾刺

　　"身后有尾巴"并不是指恐龙标配的"普通款"尾巴，而是像剑龙、蜀龙和部分甲龙（甲龙科的甲龙亚目）那样长有尾刺或尾锤的"升级版"尾巴。为什么这些恐龙会选择把兵器放到尾巴上，而不是直接动手打架呢？这就要说到四足动物和双足动物的区别了。对于四足行走的动物来说，它们无法像某些脾气暴躁的有袋类动物一样，战斗时可以做到手脚并用。因此当四肢只能用来行走的时候，尾巴便自然而然地充当了有力的替补，成为四足动物强大而有效的防御武器。

　　蜀龙尾巴末端的骨质尾锤几乎像排球一样大，外面包裹着厚厚的皮肉，摆动起来如流星锤一般有力，足以对大型肉食性恐龙造成身体上和精神上的极大伤害。古生物学家曾在异特龙的尾椎化石上发现了一个没有完全愈合的伤口，经过比对，发现这个伤口的形态、尺寸与剑龙的尾刺非常吻合。表明在那场血腥的厮杀中，剑龙的武器让敌人吃了不少苦头。

到了大型蜥脚类恐龙这边，防御策略就变得简单粗暴了，一个字——大！它们就是气吞山河的巨型化恐龙。这些大家伙一定认为只要身形足够高大，即便是赤手空拳，敌人也不敢贸然上前。可问题是，到底要长到多大才有效？体长近40米（超过蓝鲸）、身高7米多的阿根廷龙，也许就是最完美的答案。体长35米、体高4~5米的梁龙，在北美洲的平原上也可以自在地畅行无阻。另外，还有腕龙、雷龙、圆顶龙等，也是体型和饭量都十分巨大的"移动割草机"。

　　假设一下：当你面前突然出现一只两层楼高的大闸蟹，你最先想到的是如何下口，还是怎样才能不被它踩扁？除非你是一个不要命的吃货，否则理智会告诉你，当猎物比自己大几倍的时候，"单挑"可不是个明智的选择。肉食性恐龙当然也是这么想的。所以当它们想吃大餐的时候，通常会采取群体狩猎的方式。可不要以为只有肉食性恐龙才会聪明到想出这个办法，其实"组队打怪"的策略在植食性恐龙中更为常见。

根据化石证据显示，很多植食性恐龙都不约而同地选择了群居，它们同大部队一起觅食和迁徙，是休戚与共的组队型恐龙。有些种类的群体还会在遭遇捕食者的时候摆出固若金汤的防御阵形（把幼年恐龙围在队伍中间），甚至成员之间分工明确，各司其职。

一群肿鼻龙

在纪录片《恐龙的行军》中，生活在北极圈的埃德蒙顿龙和肿鼻龙为了躲避严寒和寻找食物，两支队伍浩浩荡荡地踏上了同一条千里迁徙之路。影片为我们复原了植食性恐龙群居和迁徙的生活场景：它们在发现危险的时候会向同伴发出警告，成年雄性恐龙会充当先头部队，体弱的幼年恐龙只要能跟上队伍就会得到长辈们的保护，而肉食恐龙在面对一个庞大的群体时并不敢轻举妄动。

开溜型恐龙始终秉持"走为上"的原则。如果你看到一只成功活到成年的植食性恐龙，而以上四种技能它恰好都不具备，那么十有八九这就是一个逃跑高手了。在恐龙家族中，除了我们熟知的大型恐龙之外，还有很多身材纤细、体型较小的小型恐龙，原始鸟臀类恐龙就是其中之一。它们能用两

鸟脚类恐龙骨架

后肢行走并将尾部抬离地面，这种构造使得某些原始鸟臀类恐龙中的许多种类善于奔跑。小型原始鸟臀类恐龙（如法布龙类）的奔跑速度每小时可达 40 千米，这个速度足以把大部分大型肉食恐龙远远地甩在身后。

阿马加龙

在恐龙界，还有一些种类属于虚张声势型。其中，要论外形的浮夸程度，角龙类称得上是"拗造型"的行家了。大多数角龙在颈部都长有夸张的颈盾。起初，科学家以为这看上去像德古拉伯爵衣领一样的颈盾是防御武器，但事实证明他们想多了。后来经进一步研究发现，这些颈盾的内部结构大多为中空的，意味着它们可能并没有与外形相匹配的防御力。虽然颈盾的保护作用仍然存在争议，但有一种说法认为颈盾上可能有着鲜艳的纹饰，也许可以在气势上吓退敌人。

豪猪

　　比角龙的颈盾更有争议的，是阿马加龙颈后那飘逸的棘刺。阿马加龙是白垩纪时期生活在南美大陆的蜥脚类恐龙，它最大的特征就是两排长长的、向后弯曲的神经棘，颇有印第安人头上所戴羽冠的威武气势。这些神经棘有序地排列在颈部至背部的脊骨上，但它们的作用却始终是个谜。有的古生物学家认为阿马加龙是"中生代的豪猪"，用鬃毛般的棘刺作为武器保护自己；有人认为这些棘刺上面附有一层皮膜，连起来的皮膜像帆一样撑开，并通过皮膜上分布的血管来调节体温。更为常见的解释是，这些棘刺只是为了让阿马加龙看上去显得高大威猛，让肉食恐龙误以为这个"大家伙"不好惹。

　　大自然中处处体现着生存的智慧，无论是肉食动物还是植食动物，总会拥有自己的生存之道。正因为如此，才有了我们今天看到的丰富多彩的生态系统和万物欣欣向荣的大千世界。

有关三角龙的冷知识

文 / 江 泓

说起三角龙，可以说是无人不知，无人不晓。它的脑袋上长着三个大角，能够插死霸王龙！那么真实的三角龙真的如此吗？

大角是三角龙的标志性特征，特别是眼睛上方的两根长角，足足有 1 米长，就像是安装在头上的两支长矛，威力十足。其实科学家发现的三角龙大角化石仅仅是骨质部分，外面还包裹有角质部分，但是角质部分很难保存下来。随着年龄的增长，三角龙大角外面的角质会越来越弯曲，就像牛那样，所以人们看到的三角龙大角并不是原来的样子。

弯曲的牛角

洛杉矶自然博物馆中的三角龙头骨（江 泓 摄）

　　三角龙以四足行走，能够奔跑，所以很多人认为三角龙在遇到危险的时候会向敌人猛冲过去，用脑袋和大角进行撞击。为了验证这个猜测，科学家用与骨骼质地、坚固程度相似的材料复原了三角龙的头骨，然后用这个头骨进行撞击试验。试验结果出人预料，在撞击发生的瞬间，三角龙的鼻骨就因为承受不住巨大的冲击力而断裂，所以三角龙是不会采用猛击战术的。

　　如果你仔细观察三角龙的头骨，特别是面部，会发现表面布满了纵横的沟壑结构。即便是加上一层皮肤，三角龙的面部依然像是风干了的苹果，皱皱巴巴的。古生物学家在研究之后，推测三角龙的面部其实覆盖着一层角质，就像是面具一样，能够起到防护作用。

　　三角龙的巨大头盾具有很好的防御作用，但是只能保护颈部，却护不了臀部。随着越来越多化石的发现，特别是三角龙皮肤化石的发现，古生物学家注意到其臀部皮肤表面有刺状突起，上面应该长有类似豪猪那样的刚毛结构。刚毛结构能够有效保护三角龙的臀部，如果霸王龙咬上一口，肯定会被扎得满嘴都是刺。

三角龙与霸王龙是同时代的恐龙，它们给我们的印象就像是一对相爱相杀的小伙伴，但是事实并非如此。尽管三角龙有大角、头盾以及臀部的刚毛结构，但依然逃不过霸王龙的血盆大口。从霸王龙的身体特征来看，它可是专门猎杀强壮猎物的，而强壮的猎物指的正是三角龙。霸王龙对三角龙的攻击是非常狂暴的，古生物学家甚至在三角龙的大角和头盾上发现了霸王龙大牙的咬痕呢。至于三角龙用大角反杀霸王龙，那只是小概率事件。

　　三角龙吃肉？它不是只吃植物的吗？三角龙的确是植食性恐龙，但是并不妨碍它偶尔开点荤。今天的许多植食性动物偶尔也会吃点肉，补充身体所需的元素。看看三角龙锋利的角质喙，是不是很适合切割尸体呢？

　　以上便是关于三角龙的六条冷知识，看完之后是不是要重新认识三角龙了呢？长弯角、戴面具、四足走、能奔跑、屁股上面长着刺、偶尔还得开点荤，这才是真实的三角龙呢！

三角龙与霸王龙

如何给霸王龙做产检

文/江　泓

　　以前，古生物学家认为个头大的霸王龙就是雌性，因为它们要产卵，肯定要有个大肚皮才行。尽管大家认为雌性霸王龙就应该是大块头，但是却没有任何证据能够证明这个观点。后来，古生物学家找到了判断霸王龙性别的办法，这个办法不但能够确定霸王龙的性别，还能够确定霸王龙有没有怀孕。

一只体型较小的雄性霸王龙通过咆哮来吸引体型较大的雌性（模拟）

这个故事还得从 2000 年讲起，当时古生物学家鲍勃·哈蒙在美国蒙大拿州匹克堡湖附近的荒野中寻找化石，他的脚下是著名的地狱溪组地层，霸王龙就是在这个地层中被发现的。

哈蒙的运气爆棚，他发现了一具霸王龙化石。经过三年多的发掘，化石最终重见天日，所有的化石相当于完整霸王龙骨架中 37% 的部分。对一只死于 6700 万年前的恐龙来说，这个化石完整度已经是非常惊人的了。为了纪念鲍勃·哈蒙发现了这具霸王龙化石，大家称它为"B-rex"，意为"鲍勃的霸王龙（Bob-rex）"。B-rex 的正式编号为 MOR-1125，MOR 是落基山博物馆（Museum of the Rockies）的简称，因为包含了头骨、身体及四肢的部分化石收藏在该博物馆之中。

很快，一批来自美国各地的古生物学家就被 B-rex 吸引到了落基山博物馆中，其中就包括来自北卡罗来纳州立大学的玛丽·西格比·施韦泽。施韦泽可是有名的"切骨狂魔"，她以这种方式探索骨骼化石中隐藏着的秘密。施韦泽幸运地分到了 B-rex 粗壮的大腿骨，这可是切割研究的理想材料。长 1.15 米的霸王龙股骨被施韦泽切开，她使用电子显微镜观察切开的大腿骨，结果发现了软组织结构，这还是第一次在霸王龙的化石中找到软组织呢！关于 B-rex 软组织的研究发表在《科学》杂志上，引起了相当大的轰动。骨头切开了，研究也成功发表了，施韦泽也该满足了。之后十多年，人类的技术继续快速发展，施韦泽也在升级换代针对化石的微观探测技术，她还是对 B-rex 的大腿骨念念不忘。施韦泽终于如愿以偿地对化石中的组织结构和化石成分进行了测试，发现化石的组织层中有"髓质骨"，这也是第一次在恐龙化石中发现髓质骨。

什么是髓质骨？髓质骨在今天的鸟类身上比较常见。雌性鸟类进入繁殖期之后，在骨骼的空腔中会出现特有的骨组织，这种骨组织正是髓质骨。髓质骨的作用是为雌性肚子里正在形成的蛋壳提供钙质，也就是说只有怀孕的雌鸟身上才会有髓质骨。B-rex 的化石中有髓质骨，证明它是一只雌性霸王龙，而且正怀有身孕。令人惋惜的是，B-rex 还没有产下自己的蛋就因为某种原因死去了，它的骨骼最终变成了化石，其中保存的秘密经过了千万年的时间被人类成功解读。

今天，检测是否有髓质骨依然是判断霸王龙性别唯一有效的方法，这过程就好像是给霸王龙做产检一样。继 B-rex 之后，古生物学家相继在其他恐龙及翼龙化石中找到了髓质骨，中美两国科学家还在英国《自然通讯》上公布了最新研究。古生物学家从来自中国辽西的白垩纪鸟类化石中发现了髓质骨，这一发现为鸟类与恐龙之间的演化关系提供了重要的证据。

它到底是霸王龙，还是暴龙

文/何 鑫

　　爱逛各大自然博物馆的朋友一定会对其中的恐龙展厅和展品留下深刻印象。在各种恐龙中，霸王龙无疑是人气最高的几种之一。作为恐龙界当之无愧的明星，霸王龙这个名字早已深入人心，甚至它的英文名 T-rex 也家喻户晓。那么，从科学的角度，霸王龙和暴龙又是怎样的关系呢？

林奈

在生物分类学中，界门纲目科属种是从大到小的分类阶元。暴龙所代表的就是暴龙属的意思。而霸王龙事实上是暴龙科暴龙属的模式种或指名种。

当科学家新发现一个物种时，会用生物分类学祖师林奈所创建的双名法为它命名。所谓双名法，前面的"名"就是这个物种的属，后面的"名"叫作种加词。而这个模式种或指名种的意思就是某个属中第一个被命名的物种。

由于现生生物在任何一个分类阶元基本都能找到大量的物种，所以同一个属常常有很多物种。例如，本时代最顶级的捕食者——猫科动物的几大明星，虎、狮、豹、美洲豹、雪豹这几种大猫其实都是豹属（*Panthera*）的。但我们都很熟悉它们真正的名字，不会只用豹属来指代它们。

在古生物学中，原则也是一样的。由于科学家发现的化石材料一般不完整，所以古生物学家只能通过形态对比，判断化石的属种，遇到形态和其他属种不同的标本常常会建立新的属种。

中加马门溪龙（何 鑫摄）

合川马门溪龙（何 鑫摄）

　　而与物种的全名相比，它们去掉种加词后的属名往往更为简洁，于是成为了人们习惯性的称呼来源。例如，合川马门溪龙（*Mamenchisaurus hochuanensis*）和中加马门溪龙（*Mamenchisaurus sinocanadorum*），其实都是马门溪龙属（*Mamenchisaurus*）的物种。

　　除了它俩，这个属的有效种还包括模式种建设马门溪龙（*M. constructus*）、杨氏马门溪龙（*M. youngi*）、安岳马门溪龙（*M. anyuensis*）、井研马门溪龙（*M. jingyanensis*）、云南马门溪龙（*M. yunnanensis*）。但在许多科普图书中，常常用马门溪龙将它们一并代表了。

没错，"死对头"的头骨也要放在一起。
摄于伦敦自然历史博物馆（何 鑫 摄）

那么"*M.*"是什么意思？其实，这个"*M.*"代替的是马门溪龙属（*Mamenchisaurus*）。在书写学名时，遇到在同一篇文章中描述几个同属物种的情况，如果已经写出了该属属名的拉丁文，或者需要对第一个描述的该属物种写全拉丁文学名，那么剩下的物种就可以用该属属名首字母加"."代替。所以，霸王龙 T-rex 这个名字其实就是它的学名 *T. rex*。

而人们最熟悉的三角龙、剑龙、梁龙之类的称呼都是属名。例如三角龙（*Triceratops*）包含两个有效种，分别是皱褶三角龙（*T. horridus*）和前突三角龙（*T. prorsus*）。

再举个例子，剑龙属（*Stegosaurus*）有三个有效种，分别是蹄足剑龙（*S. ungulatus*）、狭脸剑龙 (*S. stenops*) 和沟纹剑龙 (*S. sulcatus*)。

狭脸剑龙"苏菲"的化石
摄于伦敦自然历史博物馆（何 鑫摄）

梁龙属（*Diplodocus*）也有三个有效种，分别是模式种长梁龙（*D. longus*）、卡氏梁龙（*D. carnegiei*）和哈氏梁龙（*D. hallorum*）。其中以纪念美国钢铁大亨卡内基的卡氏梁龙最为著名，英国伦敦自然博物馆曾经的镇馆之宝就是一具昵称为"Dippy"的卡氏梁龙骨骼模型。

所以说，大家对这些真正提到了物种名的恐龙名字其实都不算太熟悉，但到了暴龙这里，特殊情况发生了。这就是因为暴龙属的模式种名 *Tyrannosaurus rex* 太过出名了，它由美国古生物学家亨利·费尔费尔德·奥斯本于1905年命名。

Dippy 的位置如今已经让给蓝鲸骨骼标本了（何 鑫 摄）

　　直至今日，科学界公认的暴龙属也就这一个有效种。其实暴龙的属名来源于古希腊文，"tyrannos"意思是"暴君"，而"sauros" 意思是"蜥蜴"，种加词"rex"在拉丁语中则是"国王、君王"之意。事实上，这个有效种的标准中文名按照字面翻译应该是"君王暴龙"才对。

　　如果把rex进行音译，就成了雷克斯暴龙。当然，其他的称呼还包括霸王暴君龙等。不过这些名字毕竟都有些绕口，于是在约定俗成的翻译下，霸王龙反而成为大家最熟悉的中文名了。正因为如此，在传播度上，霸王龙这个种名反而比真正的暴龙属属名——暴龙更具优势，而且也成为了大众文化中最著名的恐龙代表。

无论是叫霸王龙还是君王暴龙，T-rex 正是暴龙属的典型代表。但它并不是唯一的代表，作为暴龙属的分布地，北美洲出产过多具暴龙的化石。1990 年 8 月发现于美国南达科他州、标本编号为 FMNH PR2081 的化石，是其中最著名的，甚至也可能是恐龙家族中最出名的一具化石标本。它还有一个更广为人知的名字叫作"苏（Sue）"，这其实就来自它的发现者——业余古生物学家苏·亨德里克森。它也是美国芝加哥菲尔德自然历史博物馆的镇馆之宝。这具标本的完整度超过 85%，是 2001 年以前最大型、最完整的暴龙化石。

与许多朋友的认知不同，人类所挖掘出的恐龙化石跟最终在博物馆展示的有很大差距。因为当一个动物死亡后，面对食腐动物的取食及水力、风力的搬运，乃至地质变化，尸体上的骨头很少有完整的，所以当一具化石被发现时，大概率是残缺不全的。

那么人们看到的展示化石是怎么来的呢？这就要靠科学家的拼装与想象了。简单来说，当我们发现了左腿化石时，按照镜像制作右腿就行了。但如果身体过于残缺，那些没有被发现的部分就只能靠它的同类来想象推导了。

可以想象，这样的推导其实不算太靠谱，一旦有新的化石证据发现，原来的化石复原形象也就只能随之修正了。所以也就有了著名案例——棘龙，它的形象从曾经高大威猛的强者逐渐变为一只游泳的大"蝾螈"。

像麻雀大的翼龙

文 / 江　泓

　　鸟类是今天最成功的飞行动物，它们的足迹遍布世界各个角落。鸟类的体型差异非常大，从翼展 3 厘米的蜂鸟到翼展 3.7 米的信天翁，简直天差地别。在亿万年前的恐龙时代，也有一群体型差异很大的飞行者，它们就是大名鼎鼎的翼龙。翼龙在我们的印象中都是些体型巨大的动物，它们的翼展往往能够超过 10 米，堪比小型飞机，是鸟类无法企及的。其实，最早的翼龙都是体型比较小的，在经过长达 1.6 亿年的演化之后，最终产生了有史以来最大的飞行动物。

风神翼龙

在漫长的演化过程中，翼龙家族中出现了非常多的种类，为了占据不同的生态位，它们的体型和身体结构也出现了非常大的差异。你知道体型最小的翼龙有多小吗？只有一只麻雀那么大，完全能够用一只手托住它。

体型最小的翼龙发现于我国辽宁省的葫芦岛市，属于著名的热河生物群。古生物学家在一块岩石上找到了一只小型翼龙的化石，刚看到这具翼龙化石的时候，很多人以为是一只翼龙宝宝，但是经过进一步的研究，才发现它是一只已经完全成年的翼龙。古生物学家将这种翼龙命名为隐居森林翼龙（*Nemicolopterus crypticus*），意思就是"隐蔽在森林中的飞行者"。隐居森林翼龙有多小呢？它的体长只有9厘米，张开双翼的时候，翼展也不过25厘米。正所谓"麻雀虽小，五脏俱全"，尽管隐居森林翼龙的体型非常小，但是其他翼龙身上有的，它一样都不缺。隐居森林翼龙的嘴中没有牙齿，主要以昆虫为食，它们的身体较瘦，四肢长长的，前后肢上连着皮质的翼膜，四肢上有弯曲的小爪子，能够保证它们结实地抓住树干和树枝。

就如其名字一样，隐居森林翼龙生活在森林之中，为了躲避掠食者，它们神出鬼没。小小的隐居森林翼龙主要以各种昆虫为食，而昆虫在白垩纪的森林中是非常多的。与"袖珍"隐居森林翼龙相比，那些著名的巨型翼龙就要巨大得多。以著名的风神翼龙（*Quetzalcoatlus*）为例，这种翼龙的翼展超过了12米，它们站在地面上的高度可达5米，和长颈鹿一样高，体重达到250千克，相当于三个成年人体重的总和。与胆小害羞的隐居森林翼龙不同，巨大的风神翼龙可是恐怖杀手，古生物学家认为风神翼龙不光吃鱼，甚至还会在陆地上猎杀小型恐龙。

我们不妨脑洞大开一下，如果巨大的翼龙没有灭绝，是不是会被我们人类驯化为空中坐骑，我们就能够骑着翼龙在天空中自由地翱翔，就好像电影《阿凡达》中被纳威人骑着的飞行兽一样？

风神翼龙

答案当然是否定的。任何一种会飞的动物，它的身体都是一台设计精密的完美飞行器，每一根骨头、每一块肌肉，甚至是每一寸翼膜都是经过长期演化达到的最佳平衡。如果给翼龙身上增加一个成年人的重量，它们是无论如何也飞不起来的。

有人会问，翼龙吃了大量食物后不是也能飞起来吗？那是因为翼龙的进食量也是有限的，肯定要保证其能够飞行。其实骑乘翼龙除了要增加一个人的重量，还得给翼龙安装能够骑乘的装具，就好像今天骑马一样。给马装上马鞍、马镫不会影响马的奔跑，可要是给翼龙装上这些玩意必然会改变翼龙的气动外形，结果就是翼龙无法在飞行中保持平衡和控制方向，分分钟就会"坠机"。

除了重量增加、气动外形改变之外，还有一个重要问题无法忽略，那就是翼龙的智商是根本无法满足骑乘需要的。人类今天驯化的用于骑乘和托运的动物，比如马、牛、大象，它们都是具有较高智商的，智商是一种动物可以被驯养骑乘的基础。我们要想骑乘一种动物，不仅仅是简单地骑到它们的身上，还需要它们能够正确地接收、理解和执行人类发出的指令。翼龙的大脑肯定无法满足这么高的要求，不可能成为带着我们飞上天空的动物。但是它们依然创造了地球生命演化史上的奇迹，这个家族所创造的辉煌以及飞行动物的极限是其他生物无法媲美的！

中国翼龙竟然长着青蛙的脸

文/江 泓

　　侏罗纪时期的河北省生活着许多神奇的古生物，其中就包括了各种各样的翼龙。最近古生物学家命名了一种发现于河北省的侏罗纪小翼龙，这种小翼龙竟然长着青蛙的脸。

　　2012年，位于辽宁省锦州市的锦州古生物博物馆征集到了一具发现于河北省青龙县木头凳镇的翼龙化石，化石编号 JPM-2012-001。

　　翼龙化石保存得非常好，甚至还保存了部分软组织。正是因为化石的完整性，一支由中国、巴西、英国等国古生物学家组成的联合团队对化石进行了研究，并在2021年3月31日发表了名为《邦氏中华大眼翼龙——来自侏罗纪的中国新蛙嘴龙科翼龙及对类群的讨论》的研究论文。

论文中将这种翼龙命名为中华大眼翼龙（*Sinomacrops*），属名来自古希腊语中的"Sino，macro和ops"，意思分别是"中国，大，眼睛"，让人一目了然其产地和特征。中华大眼翼龙的模式种名为邦氏中华大眼翼龙（*Sinomacrops bondei*），模式种名献给古生物学家尼尔斯·邦德，因为他的研究给团队提供了思路。

中华大眼翼龙的体型还没有一只鸽子大，其体长约18厘米，翼展约50厘米，体重只有几十克。中华大眼翼龙外形独特，好像是一只青蛙长出了皮膜双翼。与我们熟悉的翼龙不同，中华大眼翼龙脑袋前面并没有长而坚硬的角质喙嘴，而是有像青蛙一样又扁又宽的嘴巴，嘴巴里长着尖小的牙齿。中华大眼翼龙脑袋上最显著的特征还是它那一对又圆又亮的大眼睛，这也是其得名的原因。

中华大眼翼龙比鸽子还小一些

中华大眼翼龙会飞，靠的是由翼膜构成的双翼，翼上还有三个小爪子。与加长的前肢变成的双翼相比，中华大眼翼龙的后肢要短小许多，不过它们的四肢可以在陆地上站立或者在树干树枝上攀爬。中华大眼翼龙的尾巴又短又细，身上还长有一层短毛，因此看上去毛茸茸的，这也证明其是恒温动物。

发现中华大眼翼龙化石的地层具体来自于髫髻山组的道虎沟段，时间可以追溯至距今1.64亿年前至1.58亿年前，相当于中侏罗世至晚侏罗世时期。那个时候的河北省被郁郁葱葱的大森林覆盖着，这里正是中华大眼翼龙的家。可爱的中华大眼翼龙在森林中飞舞，寻找像昆虫这样的小型猎物。

中华大眼翼龙外形独特，但是它并不是独一无二的，这种长着青蛙脸的小翼龙在分类上属于蛙嘴龙科（Anurognathidae）下的蛙颌翼龙亚科（Batrachognathinae），和它有亲缘关系的还有蛙颌翼龙、树翼龙和热河翼龙，这三类翼龙也都是在东北地区发现的。虽然这几类翼龙看上去长得都差不多，但是中华大眼翼龙在结构上还是有自己的独特之处，如上颌齿槽更近、尺骨外形更突出，当然这些特征也只有古生物学家才能够辨认出来。

想不到吧，在遥远的侏罗纪时期，河北省竟然生活着这种可爱又奇特的小小翼龙，它们当年或许像蝙蝠一样在天空中成群飞舞，追逐会飞的侏罗纪昆虫。

琥珀中的神秘头骨

文/江　泓

　　2020年3月12日，世界顶级学术期刊《自然》杂志的封面刊登了一幅漂亮的琥珀化石图，其中明显包含了一个动物的脑袋，它是来自白垩纪的一个全新物种！这个包含动物脑袋的琥珀来自缅甸北部的胡康河谷，这里因为盛产白垩纪琥珀而闻名。

　　正是得益于琥珀独特的形成条件，琥珀中的许多包含物令人惊叹，从植物到昆虫，从蜗牛到蜥蜴，甚至还发现有鸟类遗骸和恐龙的尾巴！

存在包含物的琥珀

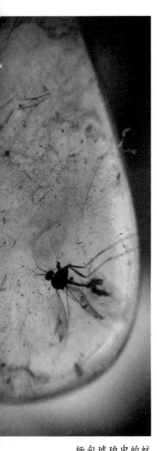

缅甸琥珀中的蚊子（江泓摄）

《自然》杂志上发布的琥珀代表了一个之前从未发现过的新物种，来自中国、美国和加拿大三国的古生物学家经过研究将其命名为眼齿鸟（*Oculudentavis*），其模式名为宽娅眼齿鸟（*Oculudentavis khaungraae*），模式种名是为了献给琥珀捐赠者宽娅女士。

起名"眼齿鸟"，是不是因为这种动物的眼睛和牙齿非常有特色？的确如此！由于头骨保存在琥珀之中，无法像其他化石那样将包裹物清理掉，然后分析骨骼的外形和内部结构。于是，科学家使用了硬 X 射线相衬 CT 扫描获得了高分辨率的 3D 头骨结构。正是依靠高精度的 3D 图像，研究人员才能准确地描述眼齿鸟的头骨特征。

眼齿鸟的头骨两侧有一对异常大的眼眶孔，说明生前一定长着一双水汪汪的大眼睛。除了这个特征，眼齿鸟的嘴中还长有非常多的牙齿。它的上颌两侧各长有 18~23 枚牙齿，下颌两侧长有 29~30 枚牙齿，加起来超过 100 枚。即便是史前那些长着牙齿的鸟类，仿佛也没有哪个能与眼齿鸟相比，它也可能因此成为已知"牙齿最多的鸟"。

缅甸北部胡康河谷的
琥珀中的雏鸟标本

　　眼齿鸟的独特之处可不仅仅是眼睛大、牙齿多，它的体型还特别小。保存在琥珀中的头骨只有 14 毫米长，和人类的指甲盖差不多。古生物学家推测眼齿鸟的全长也只有 4 厘米，比今天地球上最小的鸟类——吸蜜蜂鸟还要小。所以，眼齿鸟可能不仅仅是牙齿最多的鸟类，而且还是最小的鸟类！

　　为什么眼齿鸟这么小呢？科学家认为眼齿鸟生活在白垩纪时期的缅甸，那个时候缅甸被热带海洋淹没，只有一些很小的岛屿。由于岛屿资源有限，许多动物出现了岛屿侏儒化现象，眼齿鸟就是代表。变得袖珍的眼齿鸟可能是岛屿上的微型杀手，它们是食肉动物，嘴中尖细的牙齿利于捕获昆虫。

　　尽管眼齿鸟的头骨非常小，但是借助 CT 扫描，古生物学家依然能够观察分析那些细微的部分。古生物学家发现眼齿鸟头骨上有许多独特之处，其具备了鸟类、非鸟恐龙，甚至是其他主龙类的特征。参加研究的邹晶梅表示："这是我有幸研究过的最奇怪的化石。"

但是，就在眼齿鸟被命名后，大家被这种史上最小鸟类（鸟类是恐龙的后裔，所以有时也被说成是最小恐龙）所吸引的时候，学术界传来了不同的声音。一些古生物学家指出，眼齿鸟是蜥蜴，而非鸟类或者恐龙！而且他们也针对性地提出了自己的观点。那么这具头骨化石究竟属于哪一类动物呢？

科学讨论主要集中在以下四点：

第一，牙齿。尽管眼齿鸟嘴中长有100多枚牙齿，但是这些牙齿都是侧生齿，这是蜥蜴的常见特征，而恐龙和早期鸟类嘴里生长的则是更进一步演化的槽生齿。第二，眼睛。在眼齿鸟的眼眶孔中可以清晰地看到环形骨头，这圈骨头名为巩膜环，作用是支持和保护眼球。巩膜环由一圈小骨头组成，组成鸟类巩膜环的骨头通常为长方形，而眼齿鸟巩膜环骨为勺状，只在蜥蜴中发现过。第三，眶前孔。无论是鸟类还是恐龙，在眼眶孔前面还有一对开孔，名叫眶前孔。蜥蜴则没有这对开孔，眼齿鸟也没有。第四，方轭骨。这是眼眶孔后方的骨头，在恐龙和鸟类中普遍存在，蜥蜴同样没有，眼齿鸟的头骨扫描图中也没有看到。

除了以上四点，还有关于眼齿鸟齿列、体型和羽毛等方面的质疑，这一切让人们开始怀疑眼齿鸟到底是鸟类还是蜥蜴。

目前，对于眼齿鸟研究产生质疑的古生物学家正在通过学术途径发表自己的看法，一场蜥鸟之争正在进行中。

你见过化石做的温度计吗

文 / 周保春

　　温度计是我们常见的测温仪器，如测量体温的水银温度计、鱼缸常用的液晶温度计、工业生产中的温差电偶温度计等。那么，你见过化石温度计吗？它测量的会是什么神秘温度呢？

　　自然博物馆收藏、展示着各种各样的生物化石，大到恐龙骨架，小到肉眼难辨的单细胞微小生物遗骸。通过研究这些化石，古生物学家可以为地球的漫长历史编制年代表，可以复原史前地表环境，还可以揭示生物进化的过程和机制，探知地球演化奥秘。

　　在地球上的不同环境中，生活着特定种类和形态的生物，例如长颈鹿生活在非洲的热带稀树草原，鲸鱼则在大洋中遨游。这些生物活着的时候，会从周围环境吸收营养物质，所以它们体内某些物质元素的多寡也与其生存的环境有关。如果把生物与环境的对应关系应用于化石研究，就可以推断史前的地球环境和气候变迁。

在对化石做一些特别的分析后，科学家甚至可以定量推算出远古时期生物所处的环境情况，如算出气温、水温、海拔高度、海水深度，等等。这些特别的分析手段大致有以下两种：其一是古生物学方法，就是利用化石的标志性种类或者化石群落的种类构成来推定古时的环境；其二是地球化学方法，就是通过分析化石中特定的成分或者元素来计算古环境参数。

在属于地球化学的方法中，科学家常常会利用化石壳体中镁/钙元素的比例，来推算古时海水的温度，这就是化石温度计。

在海洋中，许多生物都会吸收海水中的碳酸钙来形成坚硬的壳体。早在上世纪20年代，人们就发现这些海洋生物的壳体中除了碳酸钙，还存在着微量的碳酸镁，并且镁元素的含量还与海水的温度存在着一定关联性。后来，科学家通过大量的实验工作，在上世纪90年代确立了有孔虫壳体中镁/钙比值与温度的函数方程。

有孔虫是海洋中大量存在的一类单细胞动物，身体包裹在碳酸钙壳体中，大小通常不超过1毫米。它们中有的在海水中漂浮一生，被称为"浮游有孔虫"；有的则把身体固定在海底沉积物上，称为"底栖有孔虫"。

当然，不论是浮游类还是底栖类，遗骸的去处都是海底，最终成为了海洋沉积物的一部分。如果把来自大洋底的沙子放到显微镜下，你或许会发现"沙粒"几乎都是有孔虫，密密麻麻，简直会让人患上密集恐惧症。在过去十几年里，有孔虫壳体的镁／钙比值被学界各路大咖用来推算古海水温度，让人类对千百万年以来地球冷暖交替的变化历史有了具体的感受。

有孔虫星沙

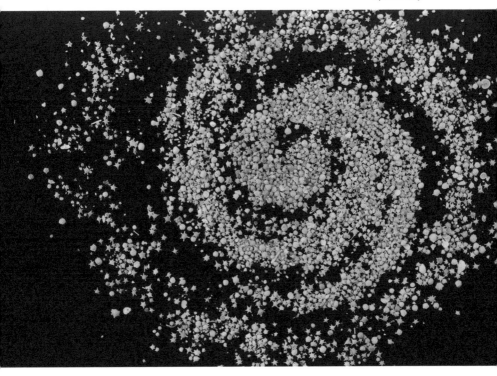

那么，为什么有孔虫壳体中的镁／钙比值可以反映古水温呢？

原来，生物在生长过程中会从海水中吸收镁、钙等元素形成碳酸盐壳体，而海水中镁／钙比值几乎是恒定不变的。实验结果表明，生活在大海里的有孔虫，它们壳体中的镁／钙比值会随着海水温度升高而增高。而镁置换碳酸盐中的钙是一个吸热过程，所以温度升高会导致有孔虫壳体中镁含量的增加。死亡后的有孔虫被埋藏保存在海底沉积物中以后，其壳体的镁／钙比值一般不发生变化，可以记录它们活着时周围海水温度的信息。如此，人们就可以用有孔虫壳体镁／钙比值来反推海水温度的变化了。

经测定发现，海水温度每升高1摄氏度，浮游有孔虫壳体镁／钙比值会增加8%~10%。这个增加速率比底栖有孔虫和无机碳酸钙中镁／钙比的增加速率都高，说明浮游有孔虫对水温的变化更加灵敏。

上世纪90年代到本世纪初始，几位欧美科学家收集了许多海域的材料，通过测试分析三种浮游有孔虫（袋拟抱球虫、泡抱球虫、普通圆球虫）的壳体元素，终于建立了浮游有孔虫镁／钙比值与水温关系的经验公式：

$Mg/Ca=be^{mT}$

这个公式看上去跟爱因斯坦的质能方程一样简洁优美。其中，Mg/Ca 是有孔虫的镁／钙比值，e 是自然常数（e ≈ 2.718），b 是曲线在纵轴的截距，m 是曲线的倾斜度，T 代表水温。

变换一下，则水温为：

$$T = m^{-1} \times \ln[(Mg/Ca)/b]$$

这里，ln 是自然对数。

与质能方程中恒定不变的光速常量不同，这个公式中 m 和 b 的值随海域而改变，因此用它计算古水温时，需要先根据所对应海域的现代有孔虫分布来算出 m 和 b 的值。另外，不同种类有孔虫 m 和 b 的值也明显不同，因此还需要选用同一种有孔虫进行测试。

测试有孔虫壳体镁／钙比值时，普遍使用的仪器是质谱仪。而有孔虫个头很小，壳体中镁元素含量本来就低，轻微的污染也会对测试结果产生不小的影响，所以能否彻底清洗有孔虫壳体就成为了获得准确测试值的关键。为了减少污染，人们需要在显微镜下挑选尽可能完整、无充填物的干净有孔虫壳体，然后放入超声波清洗机中用去离子水清洗。接下来，还要用一些化学物质混合液来除去氧化物和有机杂质。

尽管影响有孔虫壳体镁/钙比值的因素复杂，壳体在沉积和埋藏甚至采集的过程中都会受到污染，但是镁/钙比值与水温之间的确存在着特定的变化关系，科学家也想出了各种方法对测试结果进行校正。

　　镁/钙化石温度计自从诞生以来，为人类了解地球气候的冷暖变迁做出了不小贡献。例如，上世纪90年代到本世纪初始，几位欧美科学家根据浮游有孔虫化石镁/钙分析结果，得出了以下结论：赤道太平洋海域的表层海水温度在2万年前的末次冰期最盛期时比现在低2~3.5摄氏度。2万年前的冰期中，伴随着气温下降，海平面也下降了120米左右，中国渤海、黄海和东海大陆架的海水都退去了，当时人们可以徒步从现在的上海走到中国台湾岛，以及韩国和日本。

　　2000年，美国加利福尼亚大学古海洋学家大卫·李博士用镁/钙化石温度计发现了另一个有趣的事实：在过去50万年里，赤道太平洋东部的表层海水温度一直比西部低大约3摄氏度，这说明今天存在于太平洋的巨大"冷舌状水体"已经在那里盘踞很长时间了。镁/钙化石温度计在我国沿海古环境研究中也得到了应用。例如在2012年，中国科学院南京地质古生物研究所李保华教授团队用这种方法复原了过去45万年以来南海的表层水温变化，发现冰期和间冰期的平均温差达到4.8摄氏度。

镁／钙化石温度计还可以用来推算更古老时期的水温。2003 年，加利福尼亚大学地球化学家詹姆斯·扎科斯分析浮游有孔虫两个属的镁／钙比值，发现 5500 万年前（新生代最暖时期）西太平洋的表层水温度在短时期里升高了 5 摄氏度，这与当时大气中二氧化碳浓度增加 3 ~ 4 倍的记录相对应，说明当时海水升温是由于大气中温室气体增加而造成的。

　　2004 年，美国南佛罗里达大学阿梅利娅·谢夫内尔博士根据泡抱球虫壳体镁／钙比值，发现在大约 1400 万年前太平洋西南部的表层海水温度下降了 7 摄氏度，并且指出温度的变化受地球轨道偏心率周期的控制。

　　除了浮游有孔虫之外，底栖有孔虫的镁／钙比值也被用作古水温计，用来计算海底附近的水温变化。2002 年，美国芝加哥大学的科学家发表了过去 33 万年以来赤道东大西洋和东太平洋的底栖有孔虫镁／钙比值变化，证明了底层水温变化同样与气候变化相关联。

　　2000 年，英国卡迪夫大学卡洛琳·里尔等科学家将底栖有孔虫镁／钙比值用于新生代气候演化研究，算出的水温变化得到了其他研究的佐证。随着研究的深入，近年来科学家证明了海洋介形虫壳体镁／钙比值也是非常有用的古温度计。介形虫是虾、蟹的近亲，但体长一般不到 1 毫米。介形虫广泛栖息于海底表面，它们的碳酸钙壳体同样含有少量的镁元素。

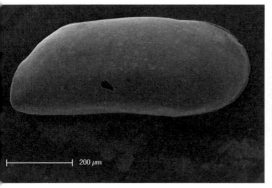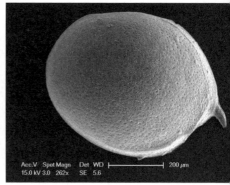

北冰洋克里特介电子显微镜照片（周保春 摄）　北冰洋多肢介电子显微镜照片（周保春 摄）

　　2012 年，美国联邦地质调查局托马斯·克罗宁博士与其他几位科学家一起，用底栖介形虫壳体镁 / 钙比值复原了过去 5 万年以来北冰洋底层海水的温度变化。他们选用的种类是北冰洋深海中常见的克里特介，这种介形虫壳体比较厚大，容易测试。

　　用介形虫壳体镁 / 钙比值作为温度计尚属新生事物，所以哪种介形虫更适合作为分析材料也存在着争议。香港大学地球化学家诺特博士团队对上海自然博物馆收藏的北冰洋介形虫化石进行研究，发现与克里特介相比，镁元素在另一种介形虫——多肢介壳体中的分布更加均匀，说明多肢介可能更适合作为古温度计的研究材料。

　　上海自然博物馆的北冰洋介形虫化石收藏数量仍在不断增加。科研人员计划在近期利用这些化石材料，通过镁 / 钙化石温度计来复原北冰洋在过去几十万年中的古水温变化，以便深入了解极地环境与全球气候变化之间的关系。

非"螺"之螺：古老而神秘的鹦鹉螺

文/高 艳

你知道吗，上海自然博物馆的建筑外形宛如鹦鹉螺弯曲的螺壳。其实，除去建筑经常以鹦鹉螺为造型之外，鹦鹉螺也被用来命名各种潜艇和潜水器。"鹦鹉螺号"不单单是凡尔纳笔下的神奇电力潜艇，也是1954年美国研制出的世界上第一艘核潜艇的名称。

上海自然博物馆建筑外形(上海自然博物馆 供图)

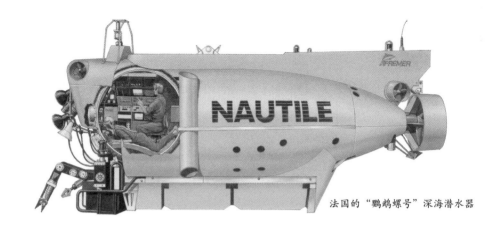

法国的"鹦鹉螺号"深海潜水器

　　"鹦鹉螺号"也是法国 1984 年研制的一个深海潜水器的名字，还是海洋勘探组织的一艘深海勘探船的船名。

　　近年来，鹦鹉螺系列运动手表更是供不应求。为什么鹦鹉螺这样受到大家的追捧和模仿呢？首先，鹦鹉螺的螺壳的确漂亮。作为四大名螺之一的鹦鹉螺，它们的整个螺旋形外壳光滑如圆盘状，形似鹦鹉嘴，故得名"鹦鹉螺"。鹦鹉螺的壳体灰白色或者乳白色，生长纹从壳的脐部辐射而出，形成壳体后方夹杂的许多橙红色波状花纹，像晕染过的艺术品一样，具有非常高的观赏性和收藏价值。鹦鹉螺的螺壳左右对称，内部被膈膜分隔成许多独立的小室，表现出美丽而神奇的等角螺线。

鹦鹉螺螺壳内的等角螺线

其次，鹦鹉螺这类生物很神奇。它们多在深海生活，能够快速地下沉和上浮，这也是现代潜艇向它们学习的地方。鹦鹉螺是深海中一类隐藏在美丽外表下的捕食者，靠猎获其他生物为生……

有着几亿年进化史的鹦鹉螺虽为四大名螺之一，却并非是真正的"螺"。绝大部分的螺是属于腹足纲的软体动物，而鹦鹉螺却属于头足纲的软体动物，和乌贼之类的动物是一家亲。鹦鹉螺是现生头足纲中唯一具有外壳的种类，是一类古老而珍稀的物种。头足纲，顾名思义，就是头和足，或者说头部有足。一般把乌贼当作是头足纲动物的代表，它们头部顶端中央为口，口的外围就是运动的足（腕）。

鹦鹉螺的头、腕、躯干等结构都和乌贼类似，所不同的是，鹦鹉螺的躯干是住在壳内的。

鹦鹉螺这一类生物在约5亿年前的寒武纪时期就已经出现。在4亿多年前的古生代奥陶纪等地质年代中，它们曾经相当繁荣。但古生代繁盛的鹦鹉螺中，很大一部分是直角鹦鹉螺，也就是俗称的角石。几亿年前的角石有些壳长2米以上，是凶猛的肉食者，曾是奥陶纪海洋中的一类霸主。现在它们的化石也成了晚奥陶纪（约4.5亿年前）的"标准化石"。

角石化石

　　经过亿万年的进化和沧海变迁，远古鹦鹉螺类动物中的大部分都已灭绝，只有现生的一科六种卷壳鹦鹉螺顽强地生存下来。根据最早化石记录，与现生鹦鹉螺相似的种类出现在三叠纪（2亿多年前），而现生种类很可能是白垩纪晚期（6500多万年前）躲过大灭绝的一支进化而来的。即使这样，现生鹦鹉螺也是当之无愧的"孑遗生物"，在研究生物进化和古生物学等方面有着很高的价值。

　　现生鹦鹉螺分布在西太平洋和印度洋暖水区域，其中以珍珠鹦鹉螺为最多。它们平时多在50~300米的海洋深水底层活动，白天多隐居于深水中，只有夜晚才上浮。和头足纲其他大部分类群一样，鹦鹉螺也是肉食动物，主要食物为底栖的甲壳类，特别以小蟹为多。它们可以用腕部缓慢地前行，搜寻食物取食，或者不时地靠出水口排出水流，冲出海底沙中的食物来吃。

虽然鹦鹉螺的几十条腕都没有吸盘，但它们依然可以利用腕部的分泌物附着在岩石上休息。鹦鹉螺漏斗状的出水口，除去冲刷食物之外，它们强劲的排水力还可以推动鹦鹉螺的身体向后移动，同时配合对壳体内气体多少的控制，可以实现倒着游泳。然而，倒着游泳的鹦鹉螺会不停"碰壁"，实际上，鹦鹉螺也可以翻转方向，向前游泳。即使向前游泳，它们还是免不了碰撞。

　　这是为什么呢？这就不得不说说鹦鹉螺的眼睛，以及它们的很多原始身体结构。鹦鹉螺的眼睛很大，但是非常简单，没有晶状体，缺乏调焦能力，眼球内腔和外界相连的只有一个极小的孔，是真正的"大而无神"。

　　除去眼睛原始，鹦鹉螺的腕和水管都是头足纲中比较原始的类型。鹦鹉螺的腕纤细而易断，但好歹它们有数量优势，所以整体的抓取力还不错，一般的小猎物被它逮住便难逃"魔爪"。

珍珠鹦鹉螺

121

鹦鹉螺的
眼睛和腕

　　相较眼睛和腕，鹦鹉螺的水管就更加简单，仅仅是一片折叠的卷筒，因此，它们虽然可以游泳，但大多数情况下只能慢悠悠，"懵懂"地到处撞壁。既然鹦鹉螺这么原始，那它们为什么幸存至今呢？这又不得不说说它们对水压变化的适应能力和它们有趣的繁殖了。

　　鹦鹉螺的外壳有很多腔室，躯体居住的只是最末一个最大的壳室，而其他各室均充满气体，被称为"气室"，各个气室由一根细管串联。平时，鹦鹉螺通过气室内气体的调节维持浮力，可以缓慢上浮或下潜；在水压突然变化时，比如说被从深海打捞上岸时，它们也可以通过气室调节自身内外压力。

只要鹦鹉螺的螺壳没有受到严重缺损，它们从深海快速升到海面也几乎百分之百存活。同时，它们还会保持体内水分，即使脱离海水也可以维持数小时的生命。鹦鹉螺和它们的很多浅海头足动物亲戚相比，寿命是比较长的，可以达到 20 年。一般情况下，鹦鹉螺 15 岁之后才能性成熟，只有四五年的时间繁衍后代。也就是说，它们一生中的大部分时间是不能繁殖的。它们的繁殖也在深海，不需要上浮。鹦鹉螺雌雄异体，繁殖时，雄性会用触手抓住雌性，以"亲嘴"的方式将精荚传递给雌性。受孕后的雌鹦鹉螺会产下 150 多枚卵，卵黏附在深海岩石的缝隙中，形状极不规则，大概需要一年时间才能孵化。

　　鹦鹉螺没有护卵和护幼行为，卵的孵化时间也相对较长。孵化后的小鹦鹉螺，即使个头很小，但也已经完全具备了自己父母的特性，能够独自在深海中觅食。鹦鹉螺对水压变化的超强适应力和深海繁殖策略，大概也是它们能够躲过大灭绝、生存至今的原因之一吧。

活了 4 亿年的 "被献血" 积极分子

文 / 高 艳

提到 4.5 亿多年前的古老生物，很多人首先都会想到三叶虫。很多影视作品中，最容易让大家记住的古老化石大概也是三叶虫了。

三叶虫化石

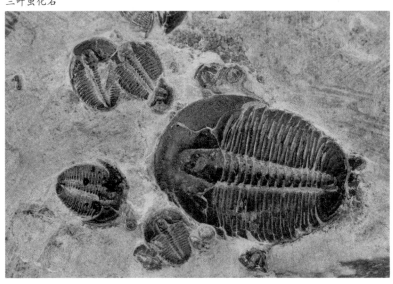

三叶虫，的确是寒武纪生物大爆发后海洋中非常兴盛的一个类群，因此寒武纪也被称为"三叶虫时代"。三叶虫在地球上存在的历史约有 2.7 亿年，是很古老的生物类群。它们在寒武纪早期就已经出现，其中的某些种类还躲过了奥陶纪末期和石炭纪末期的大灭绝。但是很遗憾，三叶虫还是在二叠纪末期大灭绝中全军覆没。

　　三叶虫已经全军覆没，它的亲戚们有没有留存下来的呢？

　　在漫长的地球生物进化历史中，三叶虫还真有一个远亲，历经了五次生物大灭绝，阅尽地球劫难，顽强存活至今，这就是被称作鲎（hòu）的一类节肢动物。

鲎的正面与背面

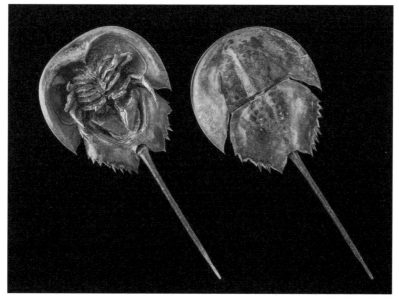

鲎，又被称为马蹄蟹，迄今为止所发现的最古老的鲎化石标本位于距今 4.45 亿年前的奥陶纪地层。看起来，它们就像是发育不良的大头娃娃，但是它们的相貌却从 4 亿多年前问世至今没有太多变化。和它们同时代的各个类群的生物，要么进化，要么灭绝，唯独它们得以延续至今，成为名副其实的一个远古孑遗类群。

鲎，是节肢动物门螯肢动物亚门肢口纲物种的总称。历经 4 亿多年的沧海桑田，肢口纲现存有一科三属四种。除去美洲鲎（*Limulus polyphemus*）生活在墨西哥湾和北美东部沿海之外，其余三种分别为南方鲎（巨鲎 *Tachypleus gigas*）、中国鲎（三刺鲎 *Tachypleus tridentatus*）和圆尾鲎（蝎鲎 *Carcinoscorpius rotundicauda*），都分布在亚洲海岸，尤其是东南亚等地的海岸，在中国东南沿海也有分布。鲎的成年个体较大，其中中国鲎头尾长可达 50~60 厘米。

鲎和蜘蛛、蝎子同为螯肢动物。螯肢动物是啥？怎么一点也不熟悉呢！蜘蛛和蝎子，你觉得熟悉吗？蜘蛛和蝎子可以说是现生螯肢动物的最典型代表了。鲎也和蜘蛛、蝎子一样，都有着螯肢动物先祖的基本身体构型：分为头胸部和腹部，头胸部有 6 对附肢，第一对就是标志性的螯肢，它们也因此而得名。鲎的身体同样分为头胸部和腹部，头胸部有 6 对附肢。

龙虾的螯肢

螯肢动物的螯肢都有助食作用，而鲎头胸部的6对附肢全部参与口器的功能，形成"被腿围绕的嘴"，即"肢口"。从腹面看现代鲎的附肢，最上面的1对小钳子是螯肢，后面紧跟5对步足。平时，它们依靠这些步足在海滩游荡，或者悠哉地仰泳。"翻车"了，还可以依靠剑一样的尾部翻身。平时，它们也会把自己埋在沙中隐藏。

鲎，主要食肉，可以取食小型环节动物、软体动物等，有时也取食藻类。而鲎的口就在步足根部中心的位置。它们步足基节上的倒刺，就起到牙齿的作用。取食时，用螯肢将食物送到口部，之后，扭动挤压步足的基节来摩擦、咀嚼。

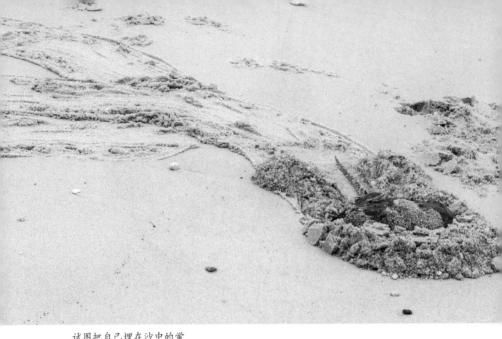

试图把自己埋在沙中的鲎

　　鲎是很神奇的蓝血生物，它们赖以输氧的血蛋白是铜基的血蓝蛋白。这种血蓝蛋白脱氧状态为无色，结合氧则变为蓝色。其实，现生节肢动物和软体动物中有很多种类都有血蓝蛋白。因为身体相对较大，鲎的蓝色血液就变得更加直观。

　　鲎生活的海边，严格来说都是极其肮脏的地方，每 1 克海底沉积物中平均约含有 10 亿个细菌。鲎，作为比较原始的生物类群，其血液循环系统是个相对敞开的格局，并不像我们人类那样拥有层层保护屏障。鲎的巨大血腔，允许血液和组织直接接触。因而，细菌只要找到鲎壳的缝隙钻入，就能轻松地在鲎的体内遨游。

　　鲎这么原始，而且生活的环境中又有那么多的细菌，那它们是怎么存活的呢？鲎血中存在特殊的凝血媒介，可以敏锐侦测细菌产生的毒素，同时释放凝血因子，将有害的细菌包住，阻断它们的扩散和传播。

所以说，鲎血最神奇的地方并不是颜色，而是所具有的独一无二的抗菌能力。或许就是这种奇特而诡异的血液，让鲎的种族阅尽几亿年地球生物的劫难而存活至今。现今，鲎血萃取物的药剂（LAL），被人类广泛应用于疫苗、医疗器械等领域。医药行业每年要捕获几十万只鲎用于取血，鲎也因此获得了"无脊椎动物献血冠军"的美称。

虽然成体的鲎有坚硬的护甲，几乎没有天敌，但是，正因它们血液的神奇功能，造成人类对鲎的过度捕捞，从而开始影响它们的种群数量。同时，由于人类活动和海滩旅游开发等，也使鲎的栖息地在不断缩小，受到了极大的生存威胁。美洲鲎已被列入世界自然物种保护联盟（IUCN）濒危物种红色名录中的易危（VU）级别，而中国鲎在 2019 年也被列为濒危（EN）级别。

鲎的蓝色血液

微体化石的故事

文 / 王晓丹

在自然博物馆的展厅里，我们可以看到形形色色的化石，有像恐龙那样的庞然大物，也有像三叶虫那样的小不点儿。但你见过这样微小的虫子化石吗？

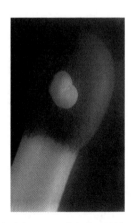

火柴头上的虫子化石（光学显微镜照片，来源于绿螺讲堂 第188期）

这个通过显微镜才能看清的化石，叫作有孔虫，它和放射虫、硅藻以及植物的花粉化石等一起，构成了地球生物多彩的微观世界。这些微体化石其实是化石里的一个大类，那它们是从哪里来的呢？

在海底或湖泊底部生活着大量的生物，随着生物死亡被覆盖，埋在泥土之下，最后经过石化作用就形成了化石。古生物学家将其挖掘出来，随后进行化石的研究和展示。不过，人们常见的化石常常是体型较大的脊椎动物化石，如恐龙化石等。那什么是微体化石呢？它们又在哪里呢？

其实，微体化石就藏在泥土当中。要想实现采集研究，首先需要把泥土采回去，然后在专业的实验室中，经过专业的方法进行分析处理，再把化石分离，最后在显微镜下进行研究。

通过显微镜观察微体化石，从而进行研究的学科，就是微体古生物学。微体古生物学分微古动物和微古植物两类。微古动物包括有孔虫、介形虫、放射虫、牙形石等，微古植物包括孢粉（孢子花粉埋到地下也会成为化石）、超微化石、沟鞭藻、硅藻等。

放大 1000 倍有孔虫壳体上的钙质超微化石
（来源于绿螺讲堂 第188 期）

　　有孔虫死后，壳保留下来，将它放在一两毫米宽的火柴头上对比大小，可以发现有孔虫不足 1 毫米。在显微镜下，将有孔虫放大 1000 倍，能看到上面有很多孔，这也是有孔虫名字的由来。有孔虫局部壳体上还可见到更微小的钙质超微化石。现在海洋中仍然有有孔虫在活动，生活在海洋底层的是底栖有孔虫，生活在海洋表层的是浮游有孔虫。

　　古生物学家还在组成埃及金字塔的大石块中发现了一种叫作货币虫的大有孔虫，它的个体较大，可达数厘米。还有一类底栖大有孔虫，叫作䗴类有孔虫，由于其大多数呈光滑的纺锤形，我国现代地质学奠基人李四光，借用表示古代纺丝时卷丝用的竹制工具"筳"字加了个虫字旁，创造了"䗴"这个汉字。

微体生物里面还有一个很大的类别——介形虫，它的上一级类别是节肢动物。你一定想象不到，我们常见的虾跟它血缘关系特别近，像亲兄弟一样。

除了微体动物化石，还有一些形态美丽的微体植物化石，如颗石藻、轮藻等。真正的轮藻母体比较大，用普通的放大镜就可以看到像树一样的轮藻，形成化石的是它上面长的种子。藻类的卵藏在它硬壳状的藏卵器中，保存为化石的是外面的硬壳，它的生殖器官——藏卵器。孢粉是孢子和花粉的简称。孢子是孢子植物的种子，而种子植物通过花粉进行繁殖，孢子和花粉都是它们的繁殖细胞。不同植物产生的孢子和花粉也不同。

微体化石形态各异，有些十分美丽，那么它们对于科学研究有什么帮助呢？

在地质历史的显生宙伊始，寒武纪出现了生命大爆发。人们将出现生物以后的地质历史划分为更多具体的时代。研究地质历史的时代，就像研究中国历史，其实研究的是不同的朝代。朝代的划分都是有标志的，其中代表性的皇帝就是一个重要的标志。地球生物演化历史，总的来说更多看的是从显生宙以来不同门类的大生物，如寒武纪、奥陶纪、志留纪、泥盆纪、石炭纪、二叠纪、三叠纪、侏罗纪、白垩纪等不同的时代，都是用大生物化石作为代表进行划分的。

不过就研究工作的细致程度来说，显然大生物化石的精度是远远不够的，在这种情况下，微体化石在细分地质年代方面就起到了很大的作用。微体化石自生物大爆发后一直留存到现在。它们在各个地质时期的分布叫作地史分布，不同地质历史阶段有不同的类别，包括钙质、硅质、有机质等类型。

油气勘探需要打钻，钻探打孔一般直径10厘米左右，将岩芯取上来后，10厘米直径的岩芯里可以保存成千上万的微体化石。通过钻井取得的岩芯，分析微体化石，可以知晓其生存环境，并据此划分不同的阶段。

这些微生物化石，不光能解决地质历史时间的问题，甚至能知道能源矿藏的形成原因。如大量的微体生物，尤其是微体浮游生物，经历死亡埋藏，在缺氧的环境中被细菌降解，最终会形成碳氢化合物——石油。通过微体化石的研究，可以对油气生成的物质来源或当时生成的环境进行恢复，进而了解当时生物生存水体的情况，如温度、盐度等。比如，在距今7000万年以前的中生代侏罗纪和白垩纪，东北的松辽盆地曾是一个大型的内陆湖盆，湖中和四周繁衍着丰富的浮游生物和其他动植物，它们死亡后，大量的沉积物堆积下来，形成了大庆油田的生物来源。总的来说，通过对微体生物化石进行研究，对环境保护、对油气和矿产的开发都是十分有意义的。

喜马拉雅山是世界海拔最高的山脉，但是科学家却在喜马拉雅山上找到了大量生活在海洋中的有孔虫化石，

大庆油田

还有深海里的放射虫化石。这就充分证明了喜马拉雅山地区曾经有深海环境的生物，那里曾是一片海洋。所以如今的喜马拉雅山，当时曾是"喜马拉雅海"，在地质历史上，那里曾经是古特提斯海的一部分。所以，千万可别小看微体化石哦。

注：本文内容整理自上海自然博物馆绿螺讲堂 第 188 期
中国地质大学（北京）教授 万晓樵 主讲

仍在不断长高的喜马拉雅山

三叠纪海洋中的"反叛者"

文 / 江　泓

海底游弋的矛尾鱼

腔棘鱼目是一个古老而神秘的家族，除了今天隐匿在海洋深处的矛尾鱼（又称拉蒂迈鱼）之外，其他成员都已经灭绝。腔棘鱼目是行动缓慢的鱼类，但是也有例外，古生物学家发现这个家族在 2.5 亿年前出现了一个"叛徒"！

瓦皮帝湖省立公园位于加拿大西部不列颠哥伦比亚省，因为壮丽的自然风光吸引了许多游客。除了游客，还有许多古生物学家来到这个公园，因为这里的硫磺山组地层保存了大量三叠纪海洋生物的化石。

　　20世纪末，古生物学家在硫磺山组地层中采集了许多古生物化石，化石都被保存在皇家泰勒古生物博物馆和和平地区古生物研究中心。随着时间的流逝，这些化石似乎被人忘记了，直到2009年，阿尔伯塔大学古生物学家安德鲁·温德鲁夫在检查这些化石时发现一条完整的鱼类化石及一些碎片。这条鱼虽明显属于腔棘鱼目，但是又与传统意义上的腔棘鱼目有很大的差别。

　　2012年，在经过研究之后，古生物学家将这种全新的史前腔棘鱼目鱼类命名为叛逆腔棘鱼（*Rebellatrix*），其属名来自"反叛"＋"腔棘鱼"。叛逆腔棘鱼的模式种名为叉尾叛逆腔棘鱼（*Rebellatrix divaricerca*），显示其外形独特的大尾巴。

叛逆腔棘鱼的骨骼线图（侯涵文 绘）

在今天看来叛逆腔棘鱼也是一条大鱼，其体长可达 1.3 米。与今天的拉蒂迈鱼相比，叛逆腔棘鱼的身体明显更加瘦长，这种流线型的身体是为了减少在水中的阻力。叛逆腔棘鱼的脑袋较尖，长着一双圆圆的大眼睛，嘴巴宽阔，嘴中长有锋利的牙齿。叛逆腔棘鱼和今天的鱼类一样也长有鱼鳍，其背上一前一后有两个背鳍，身体下方有一对胸鳍、一对腹鳍和一个臀鳍。尽管都是鱼鳍，但是叛逆腔棘鱼的鱼鳍又与常见的鱼鳍不一样，因为在它的鱼鳍中有包裹着骨头的肉质鳍柄，这也是它们被称为肉鳍鱼类的原因。

叛逆腔棘鱼外形上最大的特点是其身后发育很好的大型尾鳍，在尾鳍基部还有大量有力的肌肉，能够让叛逆腔棘鱼达到很快的游泳速度，在腔棘鱼目中可是独一无二的，这也是它的"叛逆"之处。

叛逆腔棘鱼为什么会有如此独特的外形，这与其生活时代密切相关。叛逆腔棘鱼生活在距今 2.5

亿年前的三叠纪早期，此时地球生命刚刚经历了一场巨大的浩劫，那就是著名的二叠纪末期灭绝事件。在这场灭绝事件中，有90%的物种灭绝，海洋生物中更是有96%的物种消失，生态系统遭到了毁灭性打击。

当二叠纪大灭绝结束之后，海洋中出现了大量空白的生态位，其中就包括了大型掠食者的缺失。躲过大灭绝的一部分腔棘鱼趁着这个机会向快速积极的方向演化，并且占据了类似于今天海洋中鲨鱼的位置，叛逆腔棘鱼就是其中的代表。正如美国加利福尼亚州洛杉矶自然历史博物馆腔棘鱼专家约翰·朗认为的："一般而言，这项发现体现了自然塑造与灵活的演化进程，生活在2亿年前的腔棘鱼某个种属突然偏离了原先的生活方式和捕猎习性，进化出不同于其他腔棘鱼的特征，完全进入另一种生活状态。"

叛逆腔棘鱼完成了从传统腔棘鱼目守株待兔的捕猎方式向积极快速掠食者的跳跃，但是这种跳跃并没有带来最终的成功，当鲨鱼和包括鱼龙在内的海生爬行动物强势崛起之后，叛逆腔棘鱼就注定走上末路，而中生代的腔棘鱼目则向相反的方向继续演化。

演化也会反复无常，就算强势崛起，超越自己生态位也很可能最终会被淘汰。

三叠纪早期的海洋（复原图）

距今 2.5 亿年的"鸭嘴兽"龙

文 / 江　泓

鸭嘴兽

　　提起鸭嘴兽，大家一定不会陌生。这种生活在澳大利亚的奇异生物可是现存最原始的哺乳动物，堪称"活化石"。之所以叫作鸭嘴兽，是因为它长了一张像鸭子一样扁平宽大的嘴巴，这在哺乳动物当中可是独一无二的。扁平的鸭子嘴在哺乳动物中极为少见，但是在鸟类中却非常普遍。古生物学家介绍了在湖北省发现的一种奇异古动物，它就是扇桨龙。扇桨龙的奇异之处在于它也长了一张鸭子嘴，不过它的生存年代为距今2.48亿年前的三叠纪时期，所以被称为史前"鸭嘴兽"。

扇桨龙化石的发现可以追溯到上世纪 70 年代，湖北省远安县人民政府在考察时发现了一块保存有远古动物化石的石板，化石编号为 WGSC V26020。之后，古生物学家又在湖北省南漳县发现了另一具化石，化石保存在位于北京的中国科学院古脊椎动物与古人类研究所中，化石编号为 IVPP V4070。尽管发现了两具化石，但是在相当长的一段时间里化石并没有引起人们的重视，因为两具化石都没有脑袋。1991 年，古生物学家董枝明与罗伯特·卡洛发表了一篇关于湖滨古生物学的论文，论文中分析了大量化石，其中就包括了 IVPP V4070。董枝明和卡洛一致认为这块化石代表了一个全新的物种，但是却没有给它命名。

2015 年，以中国地质调查局下属的武汉地质调查中心为首的研究团队终于命名了卡洛董氏扇桨龙（*Eretmorhipis carrolldongi*）其属名为扇桨龙（*Eretmorhipis*），学名来自古希腊语中的"εϱετμον"（意为"桨"）和"ὁιπíς"（意为"扇子"），"扇桨"正是来自化石中轮廓像扇子、作用像桨一样的四肢。卡洛董氏扇桨龙模式种名中的卡洛董氏则是献给董枝明与罗伯特·卡洛，正是他们首次指出扇桨龙的化石代表了一个全新的物种。到这里，似乎扇桨龙的故事就应该结束了，其实仅仅是暂时告一段落。到了2018年，古生物学家终于发现了扇桨龙的脑袋，这次发现也让人大开眼界，因为保存在岩石中的脑袋明显有类似鸭子的"鸭嘴"。于是乎，扇桨龙成了当时各大媒体平台上热议的史前"鸭嘴兽"。

从分类上看，扇桨龙与鸭嘴兽没有半点关系，扇桨龙属于爬行动物中的湖北鳄目，而鸭嘴兽属于哺乳动物中的原兽亚纲单孔目。扇桨龙体长约1米，是典型的海生爬行动物，外形有点像蜥蜴。扇桨龙的身体粗壮，背部有波浪状的隆起，身后一条细长的大尾巴几乎占了体长的一半。扇桨龙的四肢也很粗壮，五指的掌部形成如同扇子一样宽大的鳍状肢，扇桨龙的名字正是来源于此。扇桨龙最特别的地方还是长度只有5厘米的小脑袋，其脑袋与整个身体相比，小得不成比例。扇桨龙

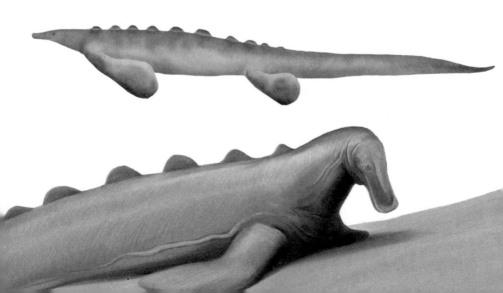

的脑袋前部有扁平的"鸭嘴"，其不仅外形像鸭嘴兽，就连骨骼结构上也与鸭嘴兽相似，是趋同演化的结果。

与鸭嘴兽相似的脑袋为人类研究扇桨龙的食性提供了参考，扇桨龙很可能在黄昏或者夜间在水中捕食虾、蠕虫和其他小型无脊椎动物。在能见度很低的水中，扇桨龙是不靠视觉捕食的，它们的柔软嘴壳非常敏感，能够探测到猎物，于是扇桨龙成了目前脊椎动物中已知最早的盲感应捕食动物。

扇桨龙生活在距今2.48亿年前的早三叠世时期，地点位于今天的湖北省。早三叠世的地球与今天截然不同，中国南部还是分散在海洋中的一连串陆地，湖北省则在一片浅海中。通过化石的发现和研究，古生物学家发现了大量海生爬行动物，其中包括了属于湖北鳄目的湖北鳄、似湖北鳄、始湖北鳄、南漳龙、扇桨龙，属于鳍龙类的欧龙、贵州龙，属于鱼龙类的巢

扇桨龙（侯涵文 绘）

鸭嘴兽属于盲感应捕食动物

湖龙等。由于化石主要在湖北省南漳县和远安县两地发现，因此这个古生物动物化石群落被命名为南漳—远安动物群。

作为中生代的开端，南漳—远安动物群所处的三叠纪始于惊天动地的二叠纪生物大灭绝事件，在这次大灭绝中有96%的海洋生物和70%的陆生脊椎动物消失，地球生命遭遇了空前的浩劫。古生物学家一直认为海洋生态系统直到中三叠世才完全恢复，不过在南漳—远安动物群中发现的大量海生爬行动物证明，在早三叠世海洋生态系统就已经得到重建与恢复。种类繁多、多样性很高的湖北鳄目更是代表了海生爬行动物的首次辐射。长着鸭嘴的扇桨龙增加了南漳—远安动物群中湖北鳄目的多样性，这种靠扇形鳍状肢在浅海之中游泳、以鸭嘴盲感应捕食的海生爬行动物丰富了我们对于中生代早期海生爬行动物的认识，对于重建早三叠世海洋生态系统有着特殊的意义。

二齿兽"宇宙"独一无二的"造粪机器"

文 / 王董浩

　　2021 年，古生物学领域的国际专业期刊发表了中国科学院古脊椎动物与古人类研究所的一项最新研究成果。论文报道了二叠系脑包沟组最常见的一种二齿兽类化石，将其归入了吐鲁番兽属，并命名为一新种：九峰吐鲁番兽（*Turfanodon jiufengensis*）。

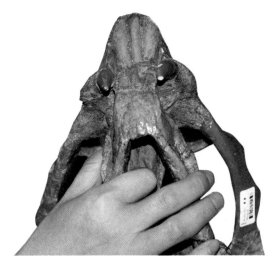

九峰吐鲁番兽头骨化石标本

九峰吐鲁番兽是二齿兽"宇宙"中特殊的一员，是原始的兽形动物，属于合弓纲。接下来就让我们层层揭开九峰吐鲁番兽的面纱，听听它为何独一无二吧！

　　在解剖学上，人类与爬行类动物最明显的差别其实是眼眶后部。恐龙、鳄鱼、蜥蜴等爬行动物眼眶后方都有上下两对孔，称为颞孔，是咬肌的附着部位。这类动物称为双孔类，属于蜥形纲。当然，有双颞孔的动物自然也有单颞孔的动物，它们被称为下孔类，属于合弓纲。人类就属于合弓纲。

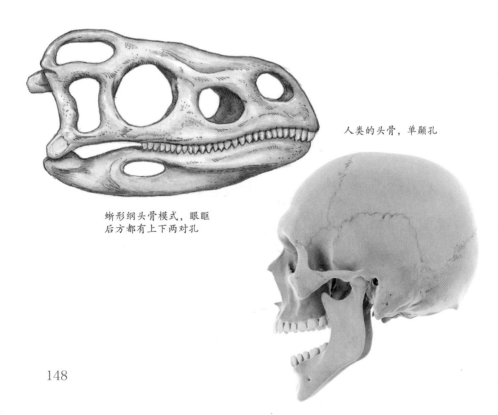

蜥形纲头骨模式，眼眶后方都有上下两对孔

人类的头骨，单颞孔

不光是人类，人类所属的哺乳类、南半球的有袋类和已经灭绝的更原始的似哺乳爬行动物，都是合弓纲的成员。最原始的合弓纲动物是盘龙类，它们的外形和大型蜥蜴类似，但大部分长有巨大的背帆，用来调节体温。盘龙类从晚石炭世出现，至中二叠世完全灭绝，代表了合弓纲蜥形化的失败，它们渐渐向兽形演化，期望走出更宽广的进化之路。

提到远古时代的兽形动物，相信大家都习惯性地想到从中生代就"苟且偷生"，"苟"到新生代的哺乳动物或哺乳形动物。那是一个恐龙极其繁盛的时代，兽形动物活在恐龙的"阴影"中，最强的也仅仅可以欺负一下恐龙中最羸弱的幼年鹦鹉嘴龙（*Psittacosaurus*）。

鹦鹉嘴龙化石标本

其实，兽形动物曾经也雄霸地球，盘龙类灭绝后的中二叠世便是兽形动物的演化高潮。其中最为成功的是恐头兽亚目，它们和恐龙一样，牢牢占据了地球生态系统的各个生态位。

风水轮流转，恐头兽亚目没有挺过中二叠世峨眉山暗色岩大型火山爆发，彻底退出舞台，留下了很多空缺的生态位，其中，大量的植食性生态位由今天的主角——二齿兽下目占据。二齿兽是纯粹的"素食主义者"，为了吃素，将大部分牙齿退化掉，进化出了和乌龟一样的角质喙，只留下两颗巨大的上牙，因此得名。这样的身体构造可能让它们成为更加合格的"干饭人"，进食效率急增，迅速占领了大大小小各个植食性生态位，小到老鼠尺寸，大到与大象比肩，组成了种类丰富、体型各异的二齿兽"宇宙"。

二齿兽"宇宙"中，有一类曾经活跃在中国新疆吐鲁番地区，得名吐鲁番兽（*Turfanodon*）。其体型和河马类似，整

二齿兽下目中的著名的水龙兽（*Lystrosaurus*），被视为大陆漂移学说的证据之一

日只想着吃喝，是名副其实的"造粪机器"。二齿兽"宇宙"除了盛产造粪机器，似乎没什么特别的。可是没想到，在华北地区内蒙古大青山又发现了它的身影。它还有个潇洒的名字：九峰吐鲁番兽（*Turfanodon jiufengensis*）。

二叠纪末期，盘古大陆趋于形成，世界上的陆地几乎聚合在一起，动物们可以在泛大陆上自由行走。没想到，晚二叠世的"河马"竟然有如此强的适应能力，可以在当时属于热带地区的新疆和温带地区的华北两地生存，这是二齿兽"宇宙"中的独一份。看来，新疆的安加拉区植物群和华北的华夏区植物群都遭受过吐鲁番兽的"摧残"。

九峰吐鲁番兽
化石标本

九峰吐鲁番兽等大部分二齿兽"宇宙"成员在二叠纪末的绝灭事件中消失了，只留下水龙兽科等三科"火种"，演化出了肯氏兽类等物种。曾经，大家以为二齿兽下目在三叠纪末期完全"绝种"，但是也有研究发现在属南冈瓦纳大陆的澳大利亚昆士兰，有比三叠纪末期更新的二齿兽类化石线索。或许，它们还在更长的时间尺度维持了属于它们的宇宙和曾经的荣光。

剑齿虎跟虎有关系吗

文/何　鑫

　　在古生物中，除了恐龙家喻户晓外，猛犸象、剑齿虎也是其中闪耀的明星。然而，与大多数人认知不同的是，剑齿虎其实并不是一种动物，而是一类动物的通称，严格意义上只有猫科的剑齿虎亚科（Machairodontinae）动物才是真正狭义的剑齿虎。

上海自然博物馆剑齿虎模型（殷欣琪 摄）

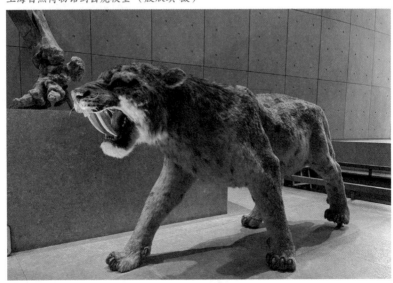

亚科是科以下的分类单元，从这样的分类体系中不难看出，真正的剑齿虎与如今猫科的另外两个亚科——豹亚科和猫亚科之间的联系。对于已经灭绝的猫科动物而言，依靠零星的化石我们其实无法知道它们毛皮究竟是何种颜色，至于它们活着的时候身着虎纹，还是豹斑，或者干脆像狮子一样无斑无纹，其实无人知晓。

事实上，中文"剑齿虎"这一名字，最早是 1924 年 12 月中国古生物学家周赞衡在翻译奥地利著名古生物学家师丹斯基所著的《中国第三纪后期之食肉类化石》中所提到的 *Machairodus* 属猫科动物时起的。

Machairodus 这个词源于希腊语，意思就是刀一般的牙齿。周老师将其翻译为剑齿，正是突出了这类猫科动物所拥有的长剑般的犬齿，而且他用"虎"字也的确更彰显了这类动物的风采。毕竟在气势上，中文的"虎"似乎是强于狮和豹的，更不要说猫了。有趣的是，在英文中，剑齿虎的名称其实本是"Saber-toothed Cat"，但也常常被叫作"Saber-toothed Tiger"，也算是殊途同归了。

广义上，在地质历史中，突出上犬齿成为剑齿在很多哺乳动物身上都独立演化出现过。典型的剑齿虎类具有长而侧扁、呈匕首状或弯刀状的上犬齿，以及可将上、下颌张开很大角度的特殊关节结构。不过，即使在真正的剑齿虎亚科中，其实也并非所有动物都长有剑齿。在科学上，剑齿虎亚科可以划分为三个族：似剑齿虎族（Homotherini）、后猫族（Metailurini）和真正的剑齿虎族（Smilodontini）。

　　首先是似剑齿虎族，其中最典型的代表就是前文中提到过的 *Machairodus* 属，名字上它是名副其实的剑齿虎，但后来在分类上却被归入了似剑齿虎族。如今在标准中文名中，我们称呼它为短剑剑齿虎属，其中的代表是阿芬短剑剑齿虎（*Machairodus aphanistus*），生存于距今 1190 万年前至 900 万年前的欧洲。

　　接下来是生存于 900 万年前至 530 万年前的巨剑齿虎属（*Amphimachairodus*），分布区域从欧洲一直延伸到中亚地区和我国。上海科技馆制作的动画电影《剑齿王朝》的主角就是属于这个属的巴氏剑齿虎（*Machairodus palanderi*），化石发现于我国的山西保德及甘肃临夏与和政。

　　之后是生存于 420 万年前至 50 万年前的锯齿虎属（*Homotherium*）。其实锯齿虎的剑齿只是略为突出，并不是特别夸张，最主要的特点是牙内侧带有锯齿状结构，所以被称为锯齿虎。它们的适应能力很强，在非洲、欧洲、亚洲和北美洲都有其身影，如英国自然历史博物馆创始人、恐龙名称的命名人欧文命名的阔齿锯齿虎（*Homotherium latidens*）。

在似剑齿虎族中，除了上述三者之外，还有一个异剑齿虎属（*Xenosmilus*），唯一有效种是赫氏异剑齿虎（*Xenosmilus hodsonae*），它们有时也被叫作异刃虎。其特点是除了上犬齿外，门齿也很大，生存于100万年前更新世的北美洲。

剑齿虎亚科中的第二个族——后猫族，其实是这个亚科中最名不副实的，因为它们根本就不具备夸张的剑齿，牙齿比例和如今现存的猫科动物没太大差别，如生活于900万年前至600万年前的后猫属（*Metailurus*）和500万年前至120万年前的恐猫属（*Dinofelis*）。其中后猫属的大后猫（*Metailurus major*）在《剑齿王朝》电影中也有出镜。

而恐猫的身形与豹相似，大小介于如今的狮、虎与美洲豹之间，

剑齿虎3D复原图

分布范围遍及欧洲、亚洲、非洲和北美洲，从740万年前一直延续到100万年前。有些学者推测，生活在非洲的恐猫最主要的食物就是与它们同样生活在非洲草原地带的人类先祖——南方古猿，所以有很多古生物复原图喜欢绘制成我们祖先被这些大猫捕食的场景。它们的主角就是发现于南非的巴罗刀齿恐猫（*Dinofelis barlowi*），在我国则发现有冠恐猫（*Dinofelis cristata*）。

在真正的剑齿虎族中，首先出现的是副剑齿虎属（*Paramachairodus*），分布于1500万年前至900万年前中新世末期的欧洲和亚洲，也是整个剑齿虎亚科中最古老的成员，代表成员是在我国发现的远东副剑齿虎（*Paramachairodus orientalis*）。

除此之外，剑齿虎族中还有体型不算太大的原巨颏虎属（*Promegantereon*）和巨颏虎属（*Megantereon*），后者从300万年前一直延续到80万年前，分布于欧亚大陆和非洲，如欧洲巨颏虎（*Megantereon cultridens*）。

致命刃齿虎标本
（殷欣琪 摄）

至于最典型的剑齿虎，就是大名鼎鼎的刃齿虎属（*Smilodontini*）了，有时也会被翻译为斯氏剑齿虎，包含三个种，即纤细刃齿虎（*Smilodon gracilis*）、致命刃齿虎（*Smilodon fatalis*）和毁灭刃齿虎（*Smilodon populator*）。动画片《冰川时代》中的剑齿虎主角"迭戈"就是一只刃齿虎。

位于洛杉矶的拉布雷亚沥青坑是世界上剑齿虎化石最集中的地点之一，总共约有2000个被复原的致命剑齿虎个体，提供了约13000个标本。

最后这种毁灭刃齿虎也是剑齿虎亚科中体型最大的成员，犬齿最长可达28厘米，生活在距今100万年前到1万年前的南美洲，是南北美动物大交换时期的代表动物。

有时候，一些文章中常常会把剑齿虎作为不适应环境而灭绝的动物代表指出来，事实上，整个剑齿虎亚科的成员繁衍的时代超过2000万年，先后出现过几十个种类，说它们因为不适应环境而灭绝实在太笼统了。

拉布雷亚沥青坑

在中文表述中，许多并非剑齿虎家族的动物也冠有剑齿虎的名号，如与猫科同属于食肉目猎猫科的始剑齿虎属（*Eusmilus*）和伪剑齿虎属（*Hoplophoneus*），以及巴博剑齿虎科的巴博剑齿虎属（*Barbourofelis*）。其中，始剑齿虎生活于3500万年前至2900万年前的欧亚大陆和北美洲，伪剑齿虎生活于3500万年前至2900万年前的北美洲西部，巴博剑齿虎则生活于1300万年前至700万年前的欧亚大陆和北美洲。

从外形上看，猎猫科动物其实算是平平无奇，缺乏虎样，这一点从伪剑齿虎的复原图上就可见一斑。

而巴博剑齿虎则壮硕不少，尤其是它们的下颌骨前端下突，成为剑齿的剑鞘，似乎有保护剑齿的作用。当然，曾经有艺术家把它们复原成一副哈巴狗的模样，实在让人不能接受。好在科学界还是有证据证明，它们的剑齿仍然是外露的霸气状态。

除去食肉目之外，还有肉齿目牛鬣兽科的类剑齿虎（*Machaeroides*）。如今我们所说的地球上的食肉动物，其实说的是以猫科、鬣狗科、犬科、熊科为代表的食肉目。但是，在哺乳动物的演化史上，还曾出现过一类与食肉目动物类似的肉齿目动物，它们同样是那个时代的顶级捕食者。这其中就有发展出剑齿的类剑齿虎，不过从外观上看，它们其实和真正的虎相去甚远。

甚至在与有胎盘类动物差异颇大的有袋类动物中，也曾诞生过长着剑齿的"虎"，这就是袋剑齿虎（*Thylacosmilus atrox*），它们生活在距今360万年前至260万年前的南美洲。

袋剑齿虎的有趣之处在于它们的下颌前端下突，也像为剑齿准备的剑鞘一般。那时的南美洲并不与北美洲相连，还是一片由鸟类和有袋类动物统治的世界。

我们还可以追溯到恐龙时代之前的古生代二叠纪，距今3亿年前至2.5亿年前，也有动物长着剑齿，这就是丽齿兽属（*Gorgonops*）动物，其中最有代表性的是狼蜥兽。别看它们一副没毛的爬行动物模样，事实上它们与哺乳动物的亲缘关系更近，而且在恐龙之前已经坐上过陆地动物统治者的宝座。

所以，通过发达的犬齿形成"剑齿"几乎是食肉动物演化的一种主流选择，在哺乳动物身上多次演化出来，只不过如今的地球上还长着外露"剑齿"的动物已经没有了而已。但这并不代表如今的猫科动物犬齿不厉害，事实上虎和狮这两种顶级猫科动物的犬齿粗壮，同样是捕食的利器。在现生猫科动物中，云豹的口裂可以打开极大，而且犬齿相对头骨的比例也很大，素有小剑齿虎的美誉。

云豹

剑齿虎家族早已隐入地球历史的长河之中，如今我们只能在博物馆里了解它们曾经的辉煌，还能从中学到一些道理，即没有什么特征是永远的优势，没有什么物种能够永存于世。

史前上海，虎象环绕的世界

文 / 余一鸣

走在上海，满眼尽是近现代史。很多人会觉得，"史前"——这个散发着原始、粗粝气息的词，与面前这一高科技、精致化的"大都会"完全不搭。难道提起上海，人们只会想起最近一百年发生的事情？最早的上海本土文明何时产生，那时的先民们又在什么环境中生存呢？

2004 年春天，考古学者在对崧泽遗址进行第五次发掘时，从最下层的马家浜文化时期墓葬里发现了一个头骨，据测算这是一名年龄在 25 至 30 岁之间、有龋齿的男性。位于青浦区崧泽村的崧泽遗址有 6000 多年历史，最下面的地层是目前在上海发现的最早的人类活动遗迹，考古学者认为这就代表了最早的"上海人"。

考古发现证明，上海古代文明可以追溯到 6000 多年前的新石器时代，因为缺乏文字记载，又被称为"史前时期"。通过开拓、创新、发展，上海早期先民已经创造出灿烂的史前文明。那么，当时上海的自然条件如何呢？

植物也好，动物也罢，对于现生生物我们一眼就能看清楚，可五六千年前的呢？想要了解当时的生态环境，该往哪里看呢？地下有答案。在考古学里，有一种研究方法叫孢粉分析，孢粉是孢子和花粉的总称，分别是苔藓、蕨类植物和种子植物的繁殖细胞。通过对地下孢粉的分析，可以复原出当时植物的种类。

广富林遗址出土的植物种子与果实（陈 杰 供图）

此外，还有木材分析，就是对地下保存的木材残骸进行分析。除了通过外形判断外，还可以将木材解剖，通过内部显微结构来鉴别树木种类。比如在广富林遗址的研究中，相关专家选取了近300个木材样本进行切片，经鉴定它们分别是连香树、栎树、锥栗属、朴属等40多属种树木。这些树种在史前的上海曾大面积分布，那时的上海人应该没少吃野生板栗。

另外，在考古中会遇到一些动物骨骼。比如在一个遗址里发现了一个"垃圾坑"，对于盗墓者来说毫无价值，但是对于考古人员来说很重要，它保存了很多跟当时生活紧密相关的信息。人体有206块骨头，每一块都不一样，动物也是。通过基本形状，科学家就可以知道它是哪个部位的骨骼，进而比对出具体是什么物种。通过动物考古，科学家们发现有很多现在上海已经不存在的大型哺乳类动物，史前时期正与早期人类一起生活着。

动物考古现场（陈 杰 供图）

广富林遗址复原景观（陈 杰 供图）

  例如,在松江广富林遗址中就发现过象的骨骼。此外,
上海还发现过虎的头骨、胫骨和盆骨,也有19世纪几乎
要灭绝的一种南方鹿类动物——麋鹿,还有獐、麂、鳄鱼、
水牛,以及天上飞的雁、鸭、鹤,水里游的鲤鱼、鲈鱼等。

  不妨展开想象,5000多年前的上海,海岸线还在现
今的嘉定、闵行、奉贤、金山一线。西面的松江、青浦
地区以湿地草原景观为主,一些低山丘陵等处分布着较
为茂盛的树林。在林间或林原的草丛中,生活着野猪、
梅花鹿、獐、麂等动物。临近水域之处是水牛、犀牛等
大型哺乳动物的主要领地,象鸣虎啸的声音不时传到人
类的耳朵里。湖泊、池塘、河流等水域和岸边则生长着
不同的鱼类和贝类软体动物。鳖、龟等爬行类动物栖息
于水底,偶尔爬上岸边享受太阳。林间、草丛和水旁不
同的鸟类动物时而飞翔,时而驻足栖息。从视觉上看,
这种原生态的优美环境与现代上海有着不小的反差。

良渚文化象牙权
杖，福泉山遗址出
土（陈 杰供图）

虽说是景观优美，但史前时代人类的生存并不容易。在资源丰富却也危机四伏的环境中，他们是怎么生存下来的呢？民以食为天，首先是吃。上世纪50年代，考古学者发掘出的稻谷遗留物和陶器内的印痕，说明6000多年前上海地区先民的主食和今天一样，都是稻米。

大面积的水稻栽种已出现，非稻类植物资源依然是早期先民生业经济的一个重要内容。上海先民对植物资源的利用十分广泛，有淀粉类的菱角、芡实等，也有瓜果类的酸枣、梅、李、桃、甜瓜等，还有蔬菜的补充，如红蓼、栝楼、葫芦等。

除了这些，在崧泽遗址中还发现过一个可爱的小陶猪，有着短吻、丰腴体态的特点，可以判断它已经是家猪了。不过，史前上海地区人类的主要肉食来源却并不是猪，而是另一类大型哺乳动物——鹿。气候湿润，沼泽遍地，使得当时鹿的种类和数量都非常丰富。相比于今天我们能够养殖各类肉用动物，当时的人类主要通过采集、狩猎的手段获

福泉山遗址吴家场墓地 M207（陈 杰 供图）

取肉类食物。这些动物除了是肉食来源，也是很重要的工具来源。考古学者在上海的遗址里发现过带有砍琢痕迹的骨头，这些骨头被制作成矛、弓箭箭头等武器，也有的被制成发簪、手镯、梳子等装饰品。

从工具到装饰品，某些动物骨骼甚至成为某种象征物。在 2010 年福泉山遗址的发掘中，考古人员在其中一个墓葬中发现了两件大刀形器物。经过单独套取、清理，发现上面布满了非常精美的纹饰——一个神人的形象骑在一头巨兽身上，以前这类神人兽面纹饰只在良渚文化最精美的玉器上看到过，它是良渚文化重要的信仰象征。史前上海的早期文化仍有很多未解之谜，静静地等待人们去揭开。

注：本文内容整理自上海自然博物馆绿螺讲堂第 134 期
上海博物馆副馆长 陈杰研究员 主讲

图书在版编目（CIP）数据

琥珀中的神秘头骨 / 刘哲主编 . -- 上海 : 少年儿童出版社 , 2023.3

（多样的生命世界 . 悦读自然系列）

ISBN 978-7-5589-1423-2

Ⅰ . ①琥… Ⅱ . ①刘… Ⅲ . ①古生物 — 少儿读物 Ⅳ . ① Q91-49

中国国家版本馆 CIP 数据核字 (2023) 第 026217 号

多样的生命世界·悦读自然系列

琥珀中的神秘头骨

刘 哲 主 编

殷欣琪 副主编

上海介末树影像设计有限公司 封面设计

陈艳萍 装 帧

出版人 冯 杰

责任编辑 邱 平 美术编辑 陈艳萍

责任校对 黄亚承 技术编辑 陈钦春

出版发行 上海少年儿童出版社有限公司

地址 上海市闵行区号景路 159 弄 B 座 5-6 层 邮编 201101

印刷 上海中华印刷有限公司

开本 890×1240 1/32 印张 5.625

2023 年 5 月第 1 版 2023 年 5 月第 1 次印刷

ISBN 978-7-5589-1423-2/ G・3721

定价 48.00 元